WANNABE · SINGLE STORY HOUSE

단층주택 1+α

응축된 건축을 위한 확장된 디자인

월간 전원속의 내집

Home & Garden Lifestyle Magazine

1999년 2월에 창간하여 마당 있는 집을 꿈꾸는 독자들에게 실질적인 정보와 읽을거리를 제공하는 실용 건축&라이프스타일 매거진이다. 최신 트렌드의 주택 디자인, 설계와 시공에 대한 디테일한 팁, 인테리어와 가드닝 정보까지, 집짓기를 앞둔 예비 건축주들의 안목을 높여줄 아이디어 뱅크 역할을 하고 있다.

홈페이지 | www.uujj.co.kr
네이버포스트 | post.naver.com/greenhouse4u
인스타그램 | @greenhouse4u

* **표지 사진_** 본문 102~111쪽 제주 하가리 주택 / **설계** · 에이루투 건축사사무소, **사진** · 이상훈

들어가는 말

거주 목적 파악
규모, 용도 좌우

예산 계획 수립
선택과 집중

건물 형태와 구조
공간 활용의 핵심

파사드 디자인
기초, 처마, 지붕 라인

구조적 강점 살린 설계
열린 공간

주택과 정원 면적 분배
적정한 외부 공간

통풍과 채광
효과적인 창 배치

명확한 동선
외부 생활과 연동

공용 공간 배치
사용빈도 높은 공간

공간 분할에 유리한 복도
천창, 측창 활용

노년 생활 대비
배리어 프리(barrier free)

깊은 처마와 툇마루
반옥외 공간

높이 변화로 단조로움 탈피
천장과 바닥 이용

법규 및 규제 파악
다락의 적극적 활용

장작 난로 설치
보조난방 여부 검토

많은 이들이 교외의 아담한 전원주택을 꿈꾼다. 그런데 막상 집을 설계할 때면 하나둘 공간에 욕심을 내면서 결국 건축면적이 늘어나기 마련이다. 때문인지 최근에는 딱 필요한 만큼의 단층주택에 대한 선호가 늘고 있는 가운데 라이프스타일에 기반한 세부적인 기준에 따른 합리적인 디자인에 눈길이 쏠린다. 이에 월간 전원속의 내집은 전국을 넘나들며 생활 편의성은 물론 설계와 자재 선정, 시공까지 아이디어와 개성 넘치는 주택을 소개해 왔다. 그중 독자의 목마름을 해소해 줄 단층집 37채를 선별하였다.

차례

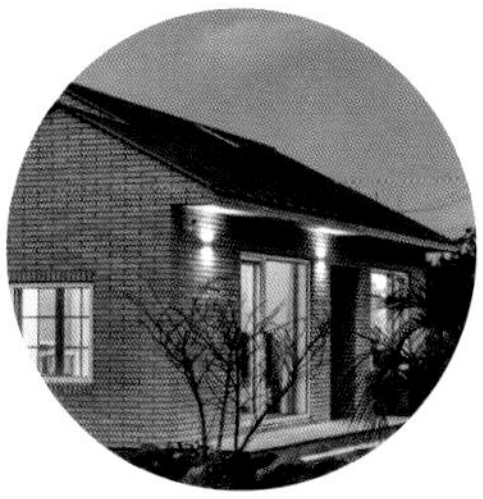

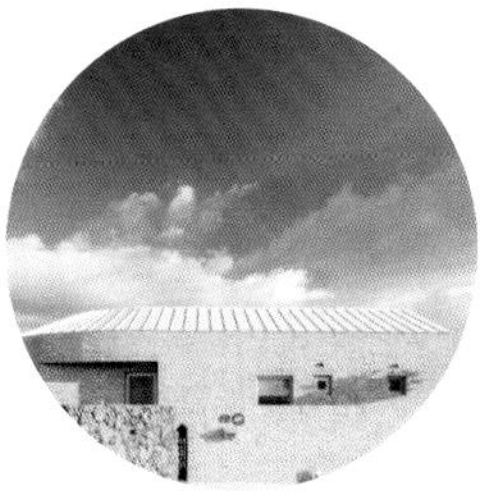

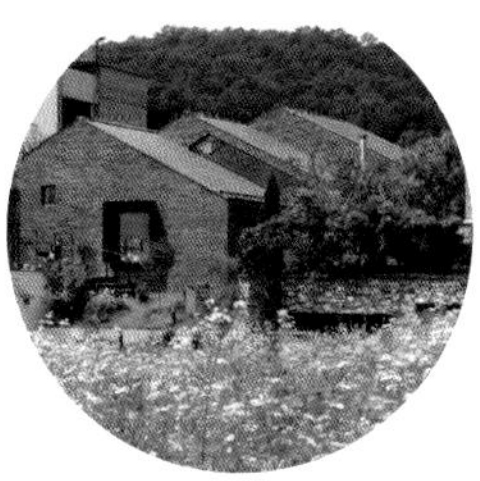

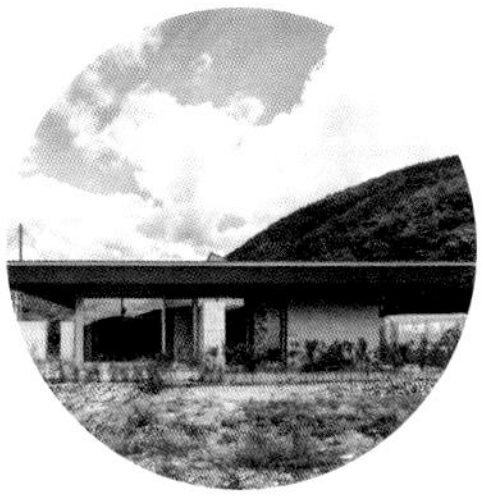

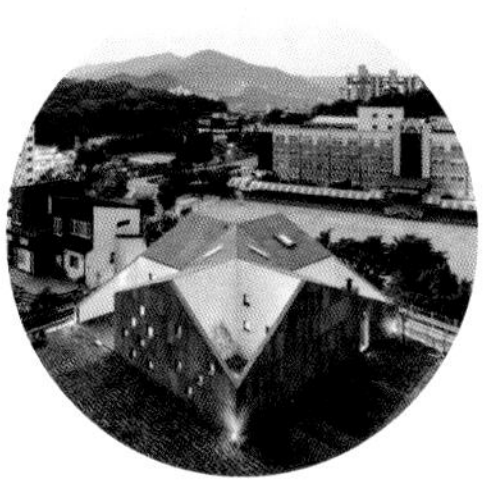

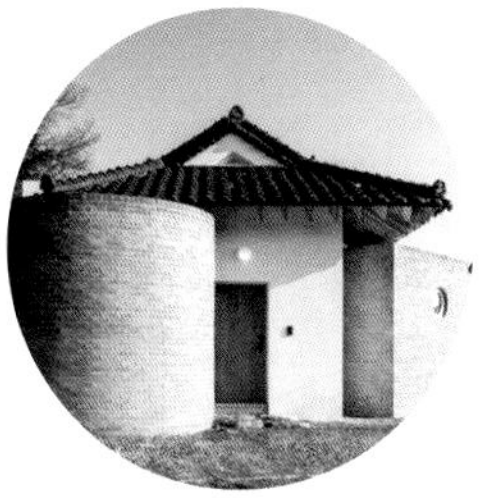

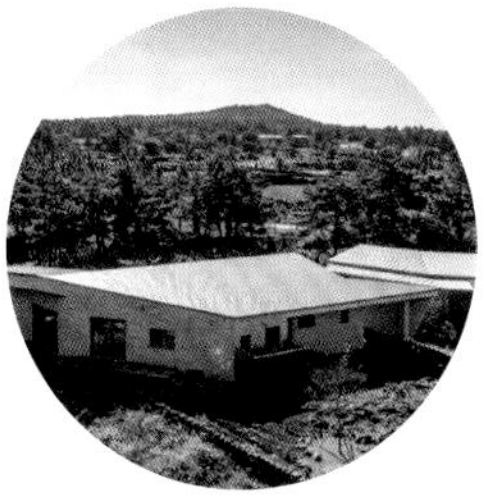

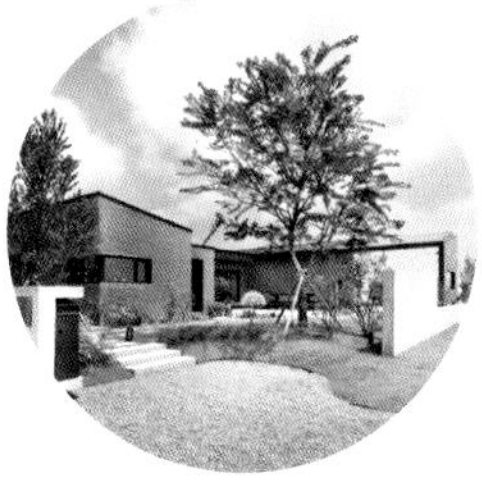

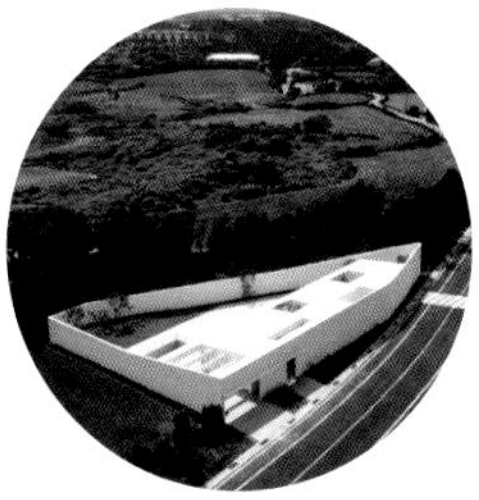

열린 중정과 툇마루를 품은 진주 삼각집

HOUSE PLAN

대지위치 : 경상남도 진주시 | **대지면적** : 296.00m²(89.54평) | **건물규모** : 지상 1층 | **거주인원** : 2명(부부) | **건축면적** : 149.74m²(45.29평) | **연면적** : 130.30m²(39.41평) | **건폐율** : 50.58% | **용적률** : 44.02% | **주차대수** : 1대 | **최고높이** : 4.25m | **구조** : 기초·지상 - 철근콘크리트 / 지붕 - 2x10 S.P.F 서까래 | **단열재** : 외벽 - T100비드법보온판 / 지붕 - T180압출법보온판, T220수성연질폼 | **외부마감재** : 외벽 - 콘크리트 블록 / 지붕 - 컬러강판 | **내부마감재** : 벽 - LX하우시스 실크벽지 / 바닥 - 올고다마루 오브제 / 천장 - 자작나무 합판, LX하우시스 실크벽지 | **창호재** : REHAU시스템창호(T47 삼중유리), 더존시스템 폴딩도어(T24 복층유리) | **에너지원** : 지열난방, 시스템에어컨 | **욕실 및 주방타일** : 지얼세라믹 | **수전 등 욕실기기** : 아메리칸스탠다드, 대성하우징 | **주방가구** : 키친앤코 | **거실가구** : 다우닝 소파, 키친앤코 붙박이장 | **조명** : 제이에스텍 | **현관문** : 빅하우스 단열도어 | **방문** : 영림도어 | **평상목재** : 루나우드 탄화목 | **조경자재** : 현무암 부정형 판석 사이 대립마사(왕마사) | **발수제** : 테라코 레인탑 | **시공** : 한솔건축 김상연 www.i-hansol.com | **설계** : 어나더건축사사무소 문홍규 www.smkptrs.com

도심 아파트에서의 오랜 생활 끝에 태어나 자랐던 땅으로 돌아와 집을 지었다. 집은 뾰족한 삼각형 모양을 갖췄지만, 이곳에서 가족과 이웃과 소통하며 마음은 둥글어졌다. 실용적인 툇마루와 아담한 중정을 갖춘 집에서 추억은 새롭게 이어진다.

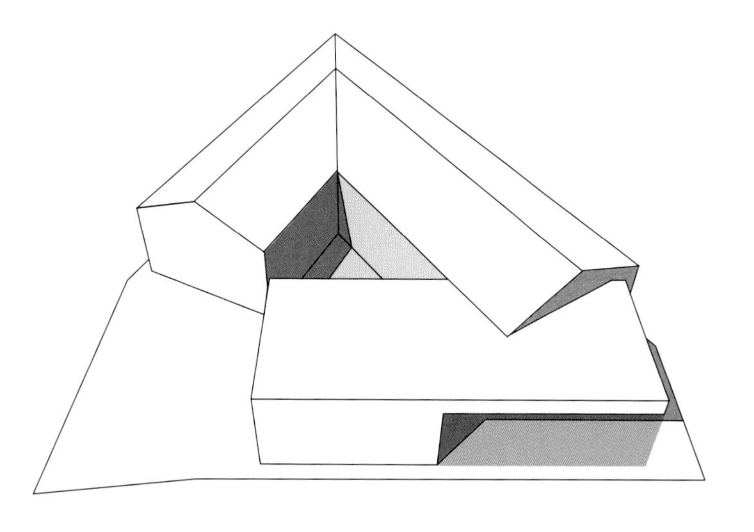

1 담장이 여러 빗각을 만들어내며 집을 바라보는 방향에 따라 다른 뷰를 선사한다. 적당한 높이의 담장은 이웃들에게 열려 있으면서도 시선을 걸러 준다.

2 회백색 콘크리트 블록으로 마감한 외부. 마을에 잘 어우러질 수 있도록 주택의 내외장재로는 차분한 느낌의 컬러들이 적용됐다.

주택이 들어선 대지는 건축주가 어린 시절부터 뛰어놀며 성장해온 땅이었고, 마을이었다. 건축주는 19살 때 그 고향을 떠나 줄곧 도시에서 아파트 생활을 하다 문득 도심에서의 삶에 싫증이 났다. 불현듯 수십 년이 흘러 태어나 자랐던 마을에 다시 돌아와 '삼각집'을 짓게 되었다. 대지 앞 기찻길은 어린 시절 추억의 놀이터였고, 마을회관 앞 노목(老木)은 시간의 흐름에도 묵묵히 그 자리를 지켜왔다.

설계를 맡은 문홍규 소장은 처음 이곳을 방문했을 때부터 '건축주의 소중한 기억을 새롭게 전개될 집에 온전히 담아야겠다'고 결심했다. 건축주는 새로 지을 주택이 옛 추억을 간직하면서도, 흔하지 않은 개성 있고 독특한 주택이 되기를 원했다. 다만, 기존 집의 배치를 유지해 추억을 지우지 않도록 해야 했고, 흔적을 재생하면서도 외부 시선으로부터 독립적인 영역을 확보해야 했다.

진주 삼각집의 포인트

하이브리드 구조

지상은 철근콘크리트 구조, 지붕은 목구조로 지어 각 자재의 장점을 결합한 튼튼하고 친환경적인 하이브리드 주택이다.

평상과 폴딩도어

실내 평상과 외부 툇마루는 폴딩도어를 통해 연결되고 확장된다. 이로써 안팎의 경계가 흐려지고 넘나듦이 자유롭다.

주차장과 포치

주차장 크기에 맞춰 널찍한 포치를 적용해 날씨에 구애받지 않고 차에서 타고 내릴 수 있다.

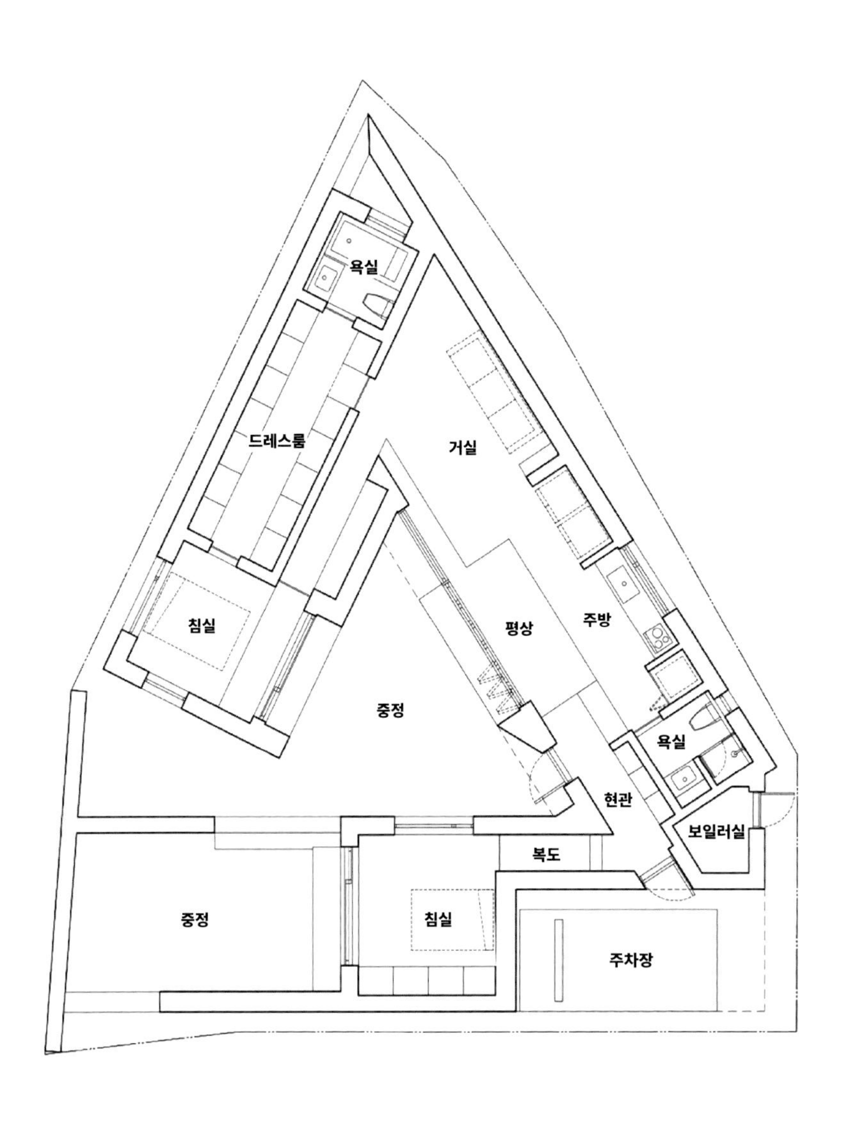

3 진입 마당에서 바로 이어지는 게스트룸 앞에도 툇마루를 적용해 마을의 사랑방 역할을 할 수 있도록 했다.

결국, 묘책은 삼각 모양의 배치였다. 삼각집에는 담장을 적극적으로 활용하여 외부공간을 진입 마당과 중정으로 구분했다. 다양한 쓰임새가 기대되는 진입 마당은 이웃에게도 열린 친밀한 공간으로 사랑받을 것을 예상했다. 실제로 이 마을은 건축주의 집안 어른들이 모여 사시는 집성촌인 만큼 삼각집은 이 곳에 생기를 불러오며 사랑방 역할을 하게 되었다. 오가며 자연스레 들고날 수 있도록 외부를 향해 열렸지만, 프라이버시도 동시에 누릴 수 있는 집이 만들어졌다.
요즘 건축주 부부의 하루는 중정에 담기는 각 계절마다의 아침을 느끼며 시작된다. 식탁이 필요 없다는 건축주의 요청에 따라 캐주얼한 식사가 가능한 평상을 제안하게 되었고, 이 평상은 집의 핵심 요소가 되었다. 집안 곳곳에 적용된 평상 중 집의 가운데에 자리한 평상에는 폴딩도어를 설치해 마당과의 경계를 모호하게 지우면서 실내의 여유와 휴식을 외부로 확장하는 역할을 한다. 건축주는 평상에 앉아 식사도 하고 담소도 나누면서 시간을 보낸다. 마당에서 시작된 동선은 내부를 거쳐 다시 끊이지 않고 마당으로 회귀하고 순환한다. 이와 같은 입체적 움직임과 공간 교류는 자연스럽게 가족 간에 시선을 통하게 하고, 말을 건네게 하고, 이야기를 만들어 낸다.

3

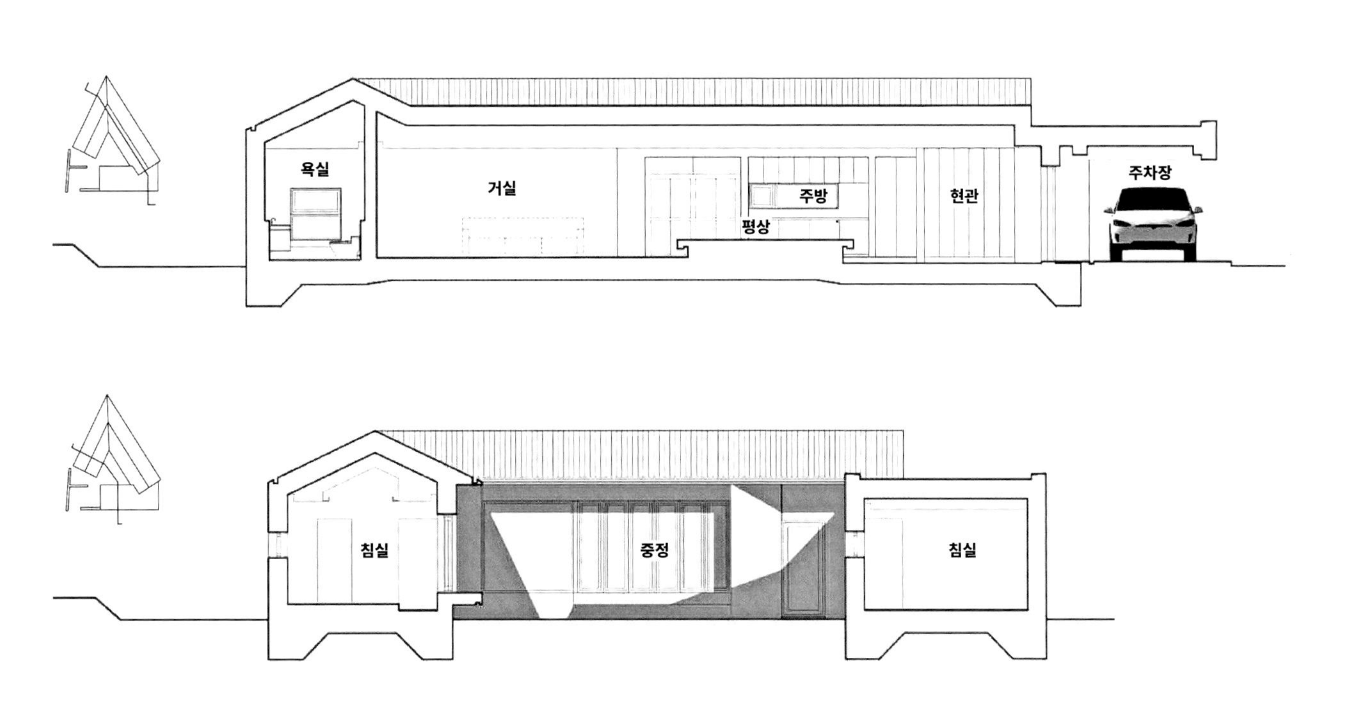

SAMSUNG

박공 지붕의 모양이 닫힌 천장 사이에 그대로 드러나 멋스럽다.

4 안과 밖이 서로 통하며 하나의 공간으로 확장되고 연결된다.

5 식탁을 두지 않는 대신 널찍한 평상을 적용해 식사, 독서, 대화, 수면 등 다양한 활동을 즐길 수 있도록 했다.

6·7 실내에서도 뾰족한 삼각집의 구조를 엿보는 재미가 있다.

8 세로로 긴 실내는 심플한 동선으로 생활의 편리함을 높였다. 넓은 평상을 적용해 폴딩도어를 열면 바깥의 툇마루와 바로 연결되며 공간이 확장된다.

8

사천공항이 생기면서 주택 앞 기찻길에는 더 이상 기차가 다니지 않지만, 선로는 남아 있다. 이 기찻길에 대한 추억은 침실 액자 프레임 가로 창에 담았다. 마을회관의 경관은 마당을 거쳐 실내로 흘러 들어온다. 설계를 맡은 문 소장은 '이곳이 의뢰인 부부에게 한 폭의 풍경화와 같은 공간이 되기를 바란다'는 소회를 밝혔다. 나아가 집과 땅이 지닌 기억의 질감에 건축주 부부가 새로 만들어갈 행복한 일상이 더해질 것이다. 그 안식처에 멈춘 듯 서서히 변화하는 사계절 모습이 삼각 하늘에 담길 것은 물론이다. **사진 · 제임스정(마루)**

9 침실에는 집의 다른 공간들과 달리 둥근 창문과 단차를 적용해 색다른 변주를 줬다.

10 관리하기 쉽도록 잔디 대신 석재로 마감한 중정.

쉼터 같은 자연 속 작은 집
가평 나무원 南無園

HOUSE PLAN

대지위치 : 경기도 가평군 | **대지면적** : 1,040m²(314.6평) | **건물규모** : 지상 1층 + 다락 | **거주인원** : 2명 | **건축면적** : 88.18m²(26.67평) | **연면적** : 88.14m²(26.66평) | **건폐율** : 8.48% | **용적률** : 6.39% | **구조** : 기초 - 철근콘크리트 매트기초 / 지상 - 철근콘크리트 | **최고높이** : 5.16m | **단열재** : 비드법보온판 2종3호 150mm, 압출법보온판 특호 100mm, 압출법보온판 1호 100mm 등 | **외부마감재** : 외벽 - 적삼목 위 블랙페인트, 오일스테인 / 지붕 - 원일 스틸 골강판 c-76 | **내부마감재** : 벽·천장 - 노출콘크리트 / 바닥 - 동화 자연 마루 | **욕실 타일** : 바스디포 수입타일 | **주방 가구** : 현장제작 | **수전 등 욕실기기** : 아메리칸스탠다드 | **계단재·난간** : 라왕 계단재 다락 난간 2×4 구조재 + 바니쉬 | **현관문** : 성우스타게이트 럭스 8002 그레이 | **창호재** : 레하우 86mm PVC 3중 시스템창호 | **에너지원** : 기름보일러 | **에너지원** : 기름보일러, 전기온수기 | **조경석** : 건축주 수집 | **전기·기계·설비** : 코담기술단 | **구조설계(내진)** : 델타구조 | **시공** : 아르케 디자인 빌드 | **설계** : 건축사사무소 예하파트너스 http://yehapartners.com

나무에 둘러싸인 모습이 인상적이었던 땅.
오랜 시간이 지난 후 간결한 집 한 채를 지었다.
박공지붕의 단순한 모습이지만 개성 있는
요소들이 더해져 풍요로움이 느껴진다.

1
2

검은색 몸통에 양철 슬레이트 지붕을 얹은, 평범해 보이는 시골집 하나. 도로를 따라 입구에 들어서자 원목으로 마감된 집의 전면이 밝고 차분한 모습으로 펼쳐진다. 크고 높은 나무들에 둘러싸여 있던 땅을 보자마자 마음에 들었다던 건축주. 그로부터 10여 년이 흐른 뒤, 은퇴 후의 시간을 보낼 소박하고 편안한 세컨드하우스 '나무원'이 탄생했다. 마을에 자연스럽게 융화되기를 바라는 마음에서 신경을 쓴 부분은 외장재다. 특히 지붕재는 보통 시골 마을의 축사나 농막 창고 등에서 쓰이는 양철 지붕과 골 슬레이트를 사용해 자연스러운 시골집의 감성을 살려냈다. 흔하고 평범한 재료이지만 빛의 각도에 따라, 바라보는 위치에 따라 다채로운 빛깔을 내는 지붕은 '나무원'의 정체성을 잘 보여 준다. 슬라이딩 덧문 역시 단순한 박공 형태의 집에 여러 가지 외형을 표현할 수 있도록 하는 요소다. 네 파트로 나누어진 덧문을 이리저리 배치하다 보면 창문이 가려지고 보이면서 외부에서는 다양한 모양을, 내부에서는 다양한 풍경을 만들어 낸다. 부재 시 덧문을 모두 닫아 집에 사람이 없다는 사인을 보내는 역할도 한다.

1 슬라이딩 덧문을 모두 열어 집의 창과 문이 모두 드러나게 설정한 모습. 덧문을 어떻게 배치하느냐에 따라 창의 모양이 달라진다. 통속적인 창의 모습에서 탈피하고자 하는 의도가 엿보인다.

2 슬라이딩 덧문을 모두 닫아 집이 비었음을 나타내는 사인으로 활용하기도 한다.

3 집의 뒷 부분에는 블랙 페인트를 칠해 튀지 않는 모습으로 마을에 융화되도록 했다.

실내에는 또 한 번의 반전이 있다. 노출 콘크리트로 마감된 내부는 원목의 외부와 대비되어 '외유내강'의 면모를 보여 준다. 동시에 꾸밈없이 수수하게 자신의 존재를 드러낸다는 점에서 원목과 조화롭게 어우러진다. 모든 공간이 막히지 않고 순환하는 모습을 원했던 건축주는 화장실을 제외하고 문을 따로 두지 않았다. 중앙의 테이블을 중심으로 주방에서 다락, 화장실에서 침실까지 동선이 물 흐르듯 연결된다. 서로 마주보는 주방과 다락은 박공 형태의 반복을 통해 '집 속의 집'을 형성하고 있다. 주방은 카페에서 많이 쓰이는 합판을 이용해 분위기를 더했다. 덕분에 작은 공간에서 풍부한 공간감이 느껴진다. 집의 또 다른 핵심인 다락 공간. 평상과 책장으로 간결하게 꾸려진 다락에서 건축주는 나무원의 평화를 조용히 만끽한다. **사진 · 변종석**

4 다락은 박공 형태를 살린 간살창으로 변형을 주었다. 조명 역시 최소한으로 설치했다. 시간에 따른 햇살의 변화를 더욱 깊이 있게 느낄 수 있다.

5 다락은 집의 핵심 구조였다. 책과 음악이 어우러져 평화로운 공간을 만든다.

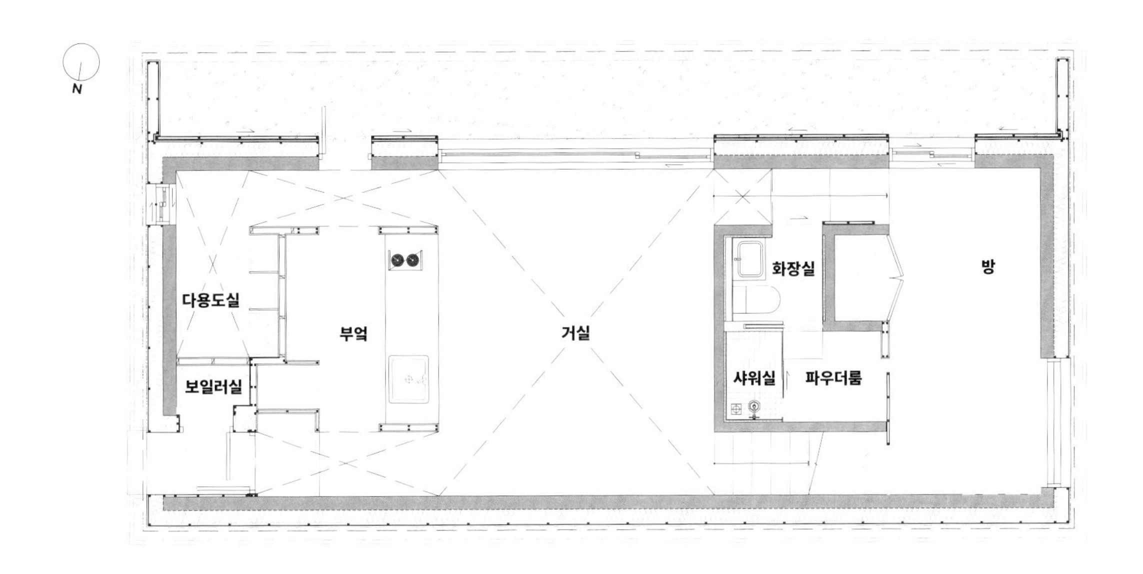
N
다용도실
부엌
보일러실
거실
화장실
방
샤워실
파우더룸

5

6 화장실과 욕실, 그리고 침실의 동선이 자연스럽게 연결되며 순환한다.

7 다양한 목적으로 사용하려고 했던 방. 지금은 창 아래 침대를 놓고 침실로 사용 중이다.

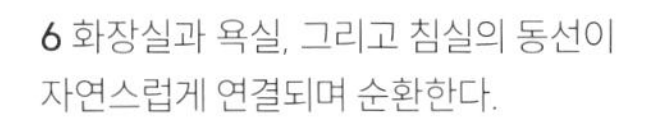

수평 증축 주택의 진화
META HOUSE-S

HOUSE PLAN

대지위치 : 충청남도 논산시 | **대지면적** : 685m2(207.21평) | **건물규모** : 지상 1층(별채 증축) | **거주인원** : 2명 | **건축면적** : 110.52m2(33.43평) | **건폐율** : 16.13% | **용적률** : 15.83% | **최고높이** : 3.26m | **구조** : 기초 – 철근콘크리트 매트기초 / 지상 – 철근콘크리트 | **단열재** : 외벽 – THK150비드법보온판 / 지붕 – THK220 비드법보온판 | **외부마감재** : 스터코플렉스 | **창호재** : 이건 시스템창호 THK43 삼중로이유리 | **내부마감재** : 벽·천장 – 수성페인트 / 바닥 – 폴리싱 타일 | **데크재** : 석재타일 | **욕실·주방 타일** : 모노타일 | **수전·욕실기기** : 아메리칸스탠다드 | **주방가구** : 제작 가구 | **조명** : LED 조명 | **현관문** : 단열방화문 | **붙박이장** : 제작가구 | **전기·기계** : 대양이엔씨 | **전기·기계** : 정연엔지니어링 | **설비** : 서원이엔씨 | **에너지원** : 기름보일러 | **구조설계(내진)** : 자연구조엔지니어링 | **시공** : 건축주 직영 | **설계·감리** : 아키리에(ARCHIRIE) 정윤채 **www.archirie.com**

부모님을 위해 준비했던 소담스러운 단층주택.
시간이 지나며 더해질 모습들을 처음부터
염두에 두었던 집은 조용히, 그러나 확연한 변화를
품으며 확장되고 있다.

META HOUSE-S는 본래 정원을 가꾸고 그 풍경을 즐길 수 있도록, 현 건축주인 아키리에 정윤채 소장의 부모님을 위해 준비된 집이다. 빠른 기간 안에, 적은 예산으로 두 사람만을 위한 공간이 요구되었기에 우선 20평 정도의 건축 면적을 확보하고 추후 덧대듯 증축하는 것을 제안드렸다. 부모님 역시 이러한 조건을 인지하시고 필요한 최소한의 기능을 가진 집을 짓는 방안으로 결정되었다. 필지는 북측과 서측의 도로로 둘러싸인 소규모 전원주택 단지라는 조건을 갖췄다. 각지의 서측은 도로보다 높은 석축이 조성되어 전면의 풍경을 전망하는 것이 훨씬 수월하고, 해당 면을 통해 어느 정도의 프라이버시 보호가 가능하다. 이따금 지나가는 호남선 열차와 풍경 속에 자리 잡은 축사, 그 너머의 천호산을 포함한 전원의 풍경이 두드러지는 곳이기도 하다. 이러한 풍광을 받아들이는 것 또한 중요한 건축 요소였다. 내부 구성과 외관의 단순화는 예산의 절충과도 직결되는 부분이다. 천장 높이 또한 낮게 설정해 적절한 공간감과 더불어 내부와 외부를 수평적으로 하나의 선처럼 잇게 했다. 같은 이유로 담장을 설치할 수 없었기에, 매스의 배치를 통해 채광과 보안을 함께 해결해야 했다.

1

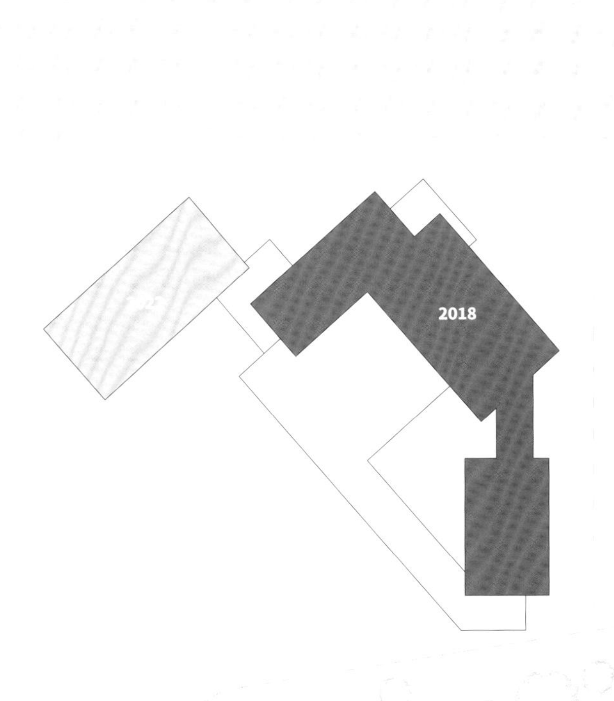

1 정돈된 석축을 통해 길과의 경계가 자연스럽게 형성되는 대지를 따라 북측에서는 집 안의 모습을 볼 수 없다.

2 대지에 얹어진 집의 형태. 남쪽으로 곧게 뻗어나간 매스는 대나무 숲을 향하고, 북측의 중축부는 더 안정적인 프라이버시를 더한다.

2 모든 매스의 높이를 통일하고, 외장재를 최소화해 연결성과 통일감을 주었다.

4 증축부를 잇는 통로는 유리 벽체를 통해 길과 조망 포인트의 역할을 동시에 해낸다.

5 다양한 굴절로 생겨난 면과 동선들은 그 자체로 조경의 디자인이 된다.

6 넓은 창과 석재 데크는 정성껏 가꾼 소나무 정원을 온전히 즐길 수 있도록 해준다.

동측의 인접한 땅에 등을 진 형태로 건축물을 배치하고, 식물의 줄기가 빛을 향하듯 남쪽으로 나머지 면적이 굽어진 매스로 나타났다. 이 굽어짐으로 나타난 다양한 볼륨의 외부 공간은 정원을 가꾸는 어머니를 위한 요소가 된다. 주택 곳곳에 설치된 개구부 같은 창들은 크기와 상관없이 정원을 포함한 외부 공간을 내부로 들이며 실내 공간의 단조로움을 희석시킨다. 내부는 콘크리트 벽체에 하얀색 수성페인트로 마감하고, 일부 벽체는 콘크리트를 그대로 남겨 두기도 했다. 바닥은 표면이 매끄러운 하얀색 폴리싱 타일을 시공해 외부에서 조경을 지나 들어오는 빛이 반사되며 다채로운 면모를 지닐 수 있도록 의도했다. 다소 거친 내부의 마감들은 증축 등을 통해 미래에 더 채워질 집의 모습을 상징한다. 2018년에 본채를 신축한 뒤, 2022년이 되며 집은 새로운 변화를 덧대게 된다. 부모님이 꾸며두신 정원이 모습을 갖추고, 가족들의 취향으로 길이 들여진 20여 평의 공간에, 한 가족이 온전히 머무를 수 있도록 10평 정도를 증축했다. 별채는 당초 계획된 대로 정원을 둘러싸며 프라이버시를 강화할 수 있도록 북측 도로면의 빈 공간에 배치했다.

7

8

7 매스의 각도가 묘하게 엇갈리며 단순함 속의 변칙적인 공간의 재미가 생겨난다.

8 주택 곳곳에 형성된 다양한 창들은 주어진 풍경을 다채롭게 누리기 위한 뷰포인트다.

9 통일된 높이의 콘크리트 처마가 만드는 그림자는 그 자체로 독특한 입체감을 형성한다.

10

10·11 본채와 별채 모두 큰 규모의 창을 구성해 채광을 확보했다.

별채는 단순히 새롭게 돋아난 모습이 아닌, 본래 의도된 하나의 매스처럼 보이기 위해 본채에 설치되어 있던 콘크리트 처마와 똑같은 높이의 처마를 형성해 별채와 연결하고, 유리로 벽체를 만들어 특별한 동선을 내주었다. 별도의 출입문을 내고 작은 주방과 욕실을 설치하여 독립적인 주거 공간으로서 가능성을 부여하기도 했다. 이미 한 차례의 증축으로 변화를 맞았지만, META HOUSE-S 프로젝트는 현재 진행 중이다. 현재는 부모님의 거주가 아닌 아키리에의 아뜰리에로 사용 중인 이곳은, 적은 예산이라는 조건을 여유로운 시간을 들인 변화로 극복한 사례라 볼 수 있다. 오묘한 각도로 품고 있는 정원과, 그 사이로 들어차는 빛은 더 먼 미래로도 이어지는 중이다. **사진 · 천영택**

TIP. 건축가의 조언

META HOUSE-S 프로젝트의 초기 목표는 적은 예산을 들여 독립된 주거 공간을 완성하는 일 자체에 있었다. 이에 추가적인 증축을 처음부터 계획하고 예상해 매스의 배치 방향도 고려했다. 외부와 내부의 마감을 최소화해 추후의 변화 가능성을 고려함과 동시에 예산의 절충 효과도 가져왔다.

붉은 벽돌과 정갈한 박공지붕
긴여름집

HOUSE PLAN

대지위치 : 경상남도 진주시 | **대지면적** : 887m2(268.31평) | **건물규모** : 지상 1층 | **거주인원** : 5명(부부, 자녀 3) | **건축면적** : 177.29m2(53.63평) | **연면적** : 171.58m2(51.90평) | **건폐율** : 19.99% | **용적률** : 19.34% | **주차대수** : 2대 | **구조** : 철근콘크리트 구조 | **단열재** : 비드법단열재 2종1호, 압출법단열재 특호 | **외부마감재** : 심양 고벽돌스무스 240 조적 | **담장재** : 노출콘크리트 | **창호재** : 이플러스 AL시스템창호 | **열회수환기장치** : 나비엔 에어원 | **에너지원** : LPG | **전기·기계** : 극동기술단 | **설비** : 진경ENG | **구조설계(내진)** : 일맥구조 | **시공·조경** : 건축주 직영 | **설계·감리** : ㈜플라노건축사사무소 이원길, 김근혜, 박민성 **www.plano.kr**

INTERIOR SOURCE

내부마감재 : 벽 – 석고보드 위 벤자민무어 친환경페인트 / 바닥 – 베르데 점보 오크액티브 17T 원목마루, 윤현상재 타일 | **욕실·주방 타일** : 윤현상재 타일, 세라미코 천연세라믹 | **수전·욕실기기** : 아메리칸스탠다드 | **주방 가구·붙박이장** : 가람싱크 주문제작 | **조명** : 지노사파티 Astep 펜던트 조명 | **현관문** : 리치도어 스틸도어 | **중문** : 대원목공 주문제작 | **방문** : MDF+도장 제작도어

아이들이 목가적인 풍경 속에서 자연의 풍요를 누리며 커가길 바랐던 건축주 부부. 실내 바닥 레벨과 천장 높이에 변화를 주고 여러 모양의 마당을 갖춰, 단층이지만 입체적인 긴여름집에서 그 소망을 실현했다.

1

1 아이들이 목가적인 풍경 속에서 자연의 풍요를 누리며 커가길 바랐던 건축주 부부. 실내 바닥 레벨과 천장 높이에 변화를 주고 여러 모양의 마당을 갖춰, 단층이지만 입체적인 긴여름집에서 그 소망을 실현했다.

2 붉은 벽돌의 정갈한 박공집의 입면은 유럽 어느 시골 마을의 목가적인 풍경 속 집을 떠오르게 한다.

대지는 경상남도 진주시 장대산 자락에 자리를 잡아 남쪽으로는 진주 8경 중 하나인 비봉산을 바라보고 있었다. 건축주 부부는 아이들이 산과 들, 하늘을 바라보며 자랄 수 있는 땅을 오랫동안 찾아다녔다고 했다. 찬란하게 빛나는 여름 같은 유년 시절. 그 시간을 담을 공간이 마당을 바라보며 길게 펼쳐진다. 진입 동선은 북쪽 도로변에 배치한 주차장과 뒷마당 사이로 계획하였다. 一자 평면의 단층집은 현관을 중심으로 공용 공간과 개인 공간으로 분리된다. 거실, 다이닝룸, 주방(LDK)은 하나의 개방형 공간이다. 다이닝룸은 통창 너머로 마당의 다이닝 가든과 연결된다. 다이닝 가든은 주방, 다용도실과의 서빙 동선을 고려하고 놀이마당을 조망할 수 있도록 계획했다. 공용 공간은 박공지붕 형태를 살려 약 5m의 높은 층고를 확보해 개방감을 극대화했다. 개인 공간은 아늑함을 위해 2.4m의 층고로 계획하고, 박공지붕 사이 공간에는 다락을 두었다. 준공 후 1년, 마당이 정리되었으니 한번 놀러 오지 않겠냐는 건축주의 전화를 받았다. 수영장 앞 모래 놀이터, 다이닝 가든을 위한 텃밭, 나무 아래 야외주방 놀이터, 마당을 한 바퀴 도는 킥보드 레일 등 가족의 손으로 천천히 완성한 마당이 우리를 기다리고 있었다. 아이들이 하나하나 심은 꽃과 풀이 가득한 다이닝 가든에서 바비큐를 즐기며, 집 안팎을 누비는 아이들을 바라보았다. 단층으로 너른하게 펼쳐진 집이라 편안함을 주었고, 분리된 듯 이어져 있는 입체적 공간들이 즐거움을 주었다. 지나고 보면 찰나인 유년 시절인데, 이곳에서만큼은 '긴여름집'이란 이름처럼 길고 아름다운 시절을 보낼 수 있을 것 같았다. **글 • 김근혜 / 사진 • 최용준**

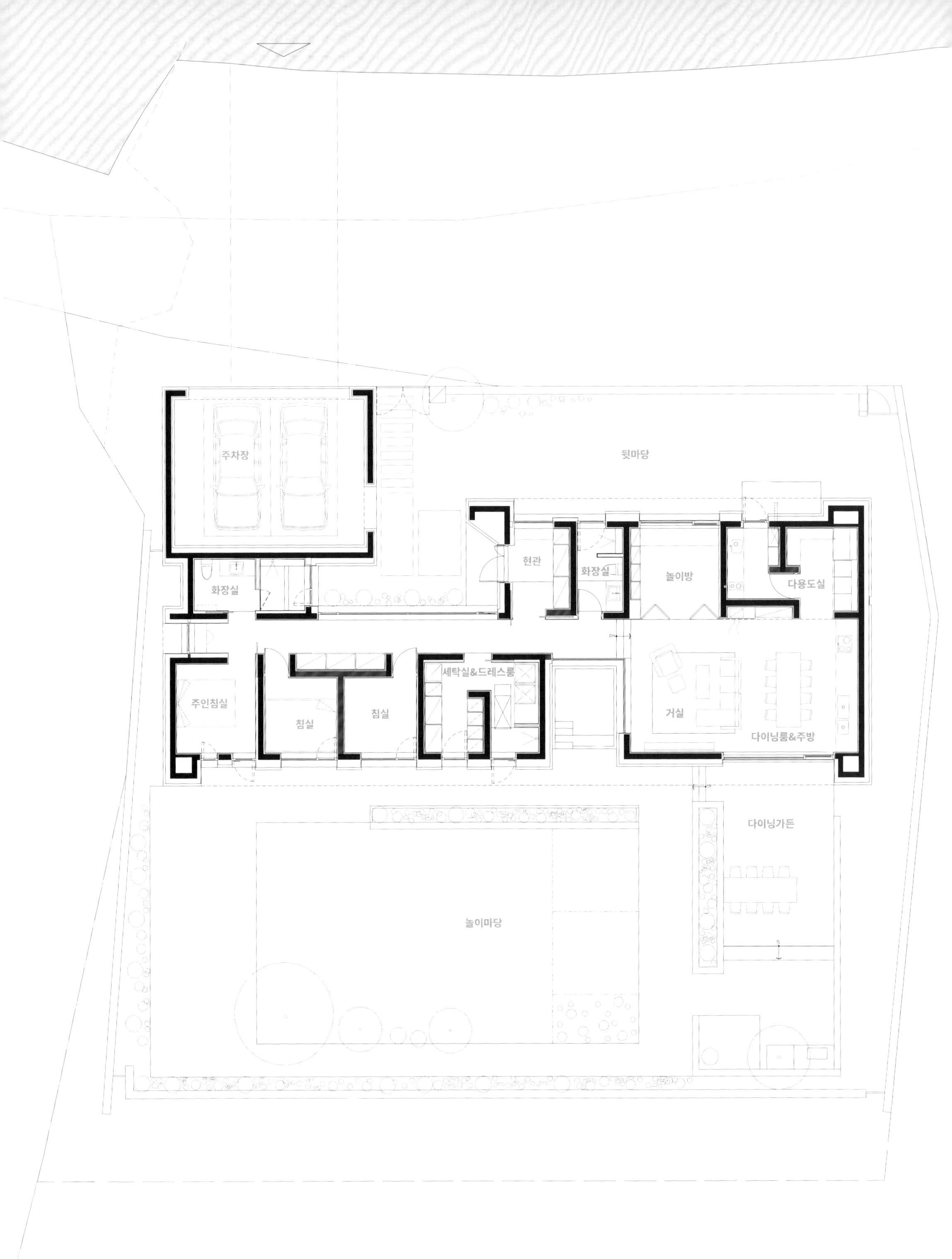

주차장
뒷마당
화장실
현관
화장실
놀이방
다용도실
주인침실
침실
침실
세탁실&드레스룸
거실
다이닝룸&주방
다이닝가든
놀이마당

3 수영장 보이드 공간은 프라이버시를 위해 개구부를 내지 않은 거실의 채광을 확보하는 역할을 한다.

4 수영장은 지붕이 있는 반 외부공간으로, 마당의 영역이 매스 안으로 확장된 개념이다. 여름의 뜨거운 햇빛을 막아주는 물놀이 공간이자, 집안 깊숙이 빛을 들이는 보이드 공간이다. 현관으로 들어오면 환한 보이드 공간을 통해 마당이 한눈에 보여 개방감을 준다. 특히 거실과 통창으로 연결돼 내부에서도 아이들이 물놀이하는 것을 살필 수 있다. 세탁실은 현관, 수영장과 연결된다. 외출 후 바로 손을 씻고 옷을 세탁할 수 있으며 수영 후 간단히 씻고 집 안으로 들어올 수 있다.

5 마당은 다채로운 레벨과 크기로 그 영역이 서로 나뉘어 있다. 긴 지붕 아래 공간들은 다양한 방식으로 마당과 소통한다. 내부 공간이 확장되어 마당으로 나오기도 하고, 마당이 집 안으로 확장되기도 한다.

3

4

5

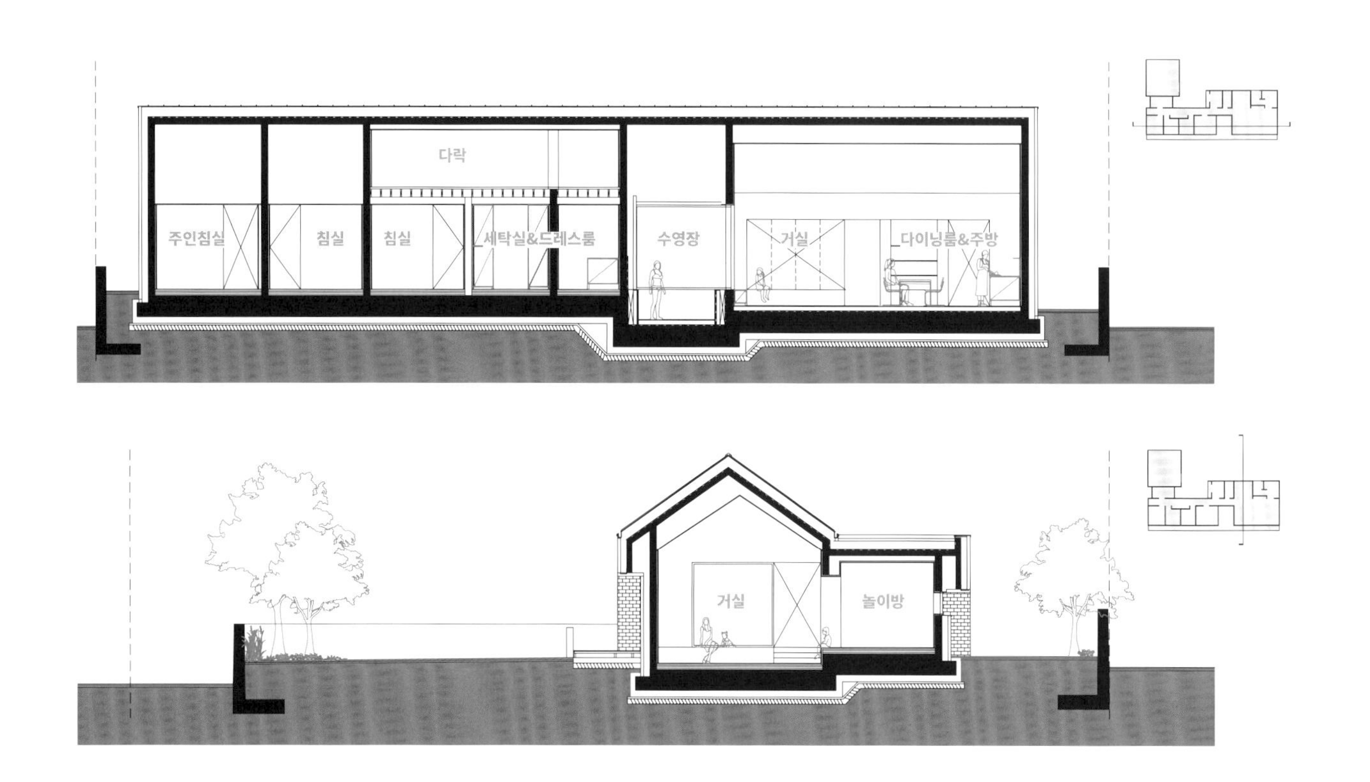
다락
주인침실
침실
침실
세탁실&드레스룸
수영장
거실
다이닝룸&주방
거실
놀이방

6

7

6 수우드톤과 화이트 컬러가 조화로운 단정하고 아늑한 느낌의 실내.

7 一자 평면의 단층집은 가운데 현관을 중심으로 거실, 다이닝룸, 주방, 놀이방 등 공용 공간과 침실 등의 개인 공간으로 분리된다.

8 공간별로 바닥 레벨과 천장 높이를 다르게 계획함으로써 풍성한 공간감을 주고자 했다.

9 놀이방은 폴딩도어를 설치해서 열었을 때는 LDK와 하나의 공간으로, 닫았을 때는 독립된 공간으로 사용할 수 있게끔 했다.

8

9

집안일을 하면서 수영장, 놀이방, 마당에서 노는 아이들을 살필 수 있는 구조로 설계했다.

자연을 향해 미소 짓는
빙그레-가

HOUSE PLAN

대지위치 : 경상북도 구미시 | **대지면적** : 392m2(118.58평) | **건물규모** : 지상 1층 | **거주인원** : 4명(부부, 자녀 2) | **건축면적** : 164.87m2(49.87평) | **연면적** : 164.87m2(49.87평) | **건폐율** : 42.06% | **용적률** : 42.06% | **주차대수** : 1대 | **최고높이** : 5.2m | **구조** : 기초 - 철근콘크리트 매트기초 / 벽, 지붕 - 경량목구조 | **단열재** : 수성연질폼 | **외부마감재** : 외벽 - 스터코, 루나우드, 갈바 지정색 도장마감 / 지붕 - 아연도금강판 | **담장재** : 두라스택 큐블록 | **창호재** : 살라만더 독일 시스템창호 | **에너지원** : LPG | **전기·기계·설비** : 하나이엔씨 | **구조설계(내진)** : 금나구조 | **시공** : 망치소리 | **설계·감리** : 오후건축사사무소 노서영, 김하아린 **www.ohooarch.com**

INTERIOR SOURCE

내부마감재 : 벽, 천장 - 친환경 도장, 합판 위 오일스테인 / 바닥 - 마모륨 | **수전·욕실기기** : 아메리칸스탠다드 | **주방 가구** : ㈜씨씨엠 | **방문** : 영림도어

쌍둥이 아이들이 마음껏 뛰어노는 모습을
집 안 어디서든 지켜볼 수 있는, 마당 품은 집.
외부를 향해 활짝 열린 창과 박공 지붕이 만들어내는 공간감은
걸음마다 색다른 풍경을 만들어낸다.

집은 경북 구미시 산동읍의 코너 대지에 위치한다. 서측면과 북측면에 주택 단지 내 도로를 면하고, 동측면에 차폐 공원 부지를 둔 채 대로를 바라보고 있는 땅이다. 아이들이 넓은 마당에서 자연을 느끼며 마음 편히 뛰어놀 수 있으면서도, 차량 통행이 많은 골목으로부터 안전하게 보호될 수 있도록 마당과 건물의 배치를 고민했다. 그렇게 도로를 등지고 공원 부지를 바라보며 ㄷ자 형태로 마당을 안은 '빙그레-가'가 구성되었다. 도로에서 보이는 주택의 모습은 폐쇄적이지만, 현관문을 열고 들어서면 마당과 초록의 녹음이 가장 먼저 가족을 반긴다. 중정이 주택 내부에서도 가운데에 위치해 있기 때문에 실내 어디에서든 거대한 공간감을 느낄 수 있고 개방감이 극대화된다. 가족은 마당을 둘러싸고 코너를 돌 때마다 그동안 느껴보지 못했던 집의 풍경을 매번 새롭게 경험할 수 있다. 외부 마감은 전체적으로 백색의 스터코를 적용하여 간결한 느낌을 주면서도 벽돌 타일과 삼각창을 통해 처마 라인과 두 개의 박공을 강조하고자 했다. 실내는 현관을 중심으로 공용 공간과 개인 공간으로 구분된다. 공용 공간은 개방된 하나의 공간이지만 바닥 높이를 다르게 하여 영역을 나누었고, 풍부한 공간감이 느껴지도록 했다.

1

1 마당 담장에 적용된 곡선의 요소는 공원을 향해 '빙그레' 미소 짓는 듯한 모습이다. 마당을 둘러싼 주택 입면은 목재로 마감해 아늑함을 더했고, 시간의 흐름에 따라 자연스럽게 변화할 수 있도록 했다.

2 붉은 벽돌 타일이 존재감을 발휘하는 수택의 입구. 삼각형의 고측창으로 프라이버시를 지키면서 개방감을 주었다.

3·4 단층 주택은 생활공간이 지면과 가까워 자연환경과 실내 공간을 적극적으로 연계할 수 있다는 장점이 있다. 대지 내 건물과 마당의 배치 방식에 따라 더욱 넓고 풍부한 공간감을 실내에 부여할 수 있고, 항상 자연 속에 사는 듯한 집을 만들 수 있다. 또한 단층 주택은 상부에 건물이 없기 때문에 다양한 실내 높이의 설정이 가능하고, 자연광을 효과적으로 활용할 수 있는 특징이 있다. 다채로운 공간감을 부여하고 싶다면 외부 공간과의 관계 설정, 실내 바닥 높이, 천장 높이와 형태의 다양화 등에 대한 고민이 필요하다.

마당으로 열린 창으로 풍부한 채광을 확보한 거실. 동측면 외부 창고 상부에 거실과 연결되는 다락을 만들어 아이들을 위한 실내 놀이 공간을 구성했다.

주방에는 지붕의 형태를 그대로 드러내는 삼각창을 높게 설치해 외부의 시야를 차단하고 뒷산의 풍경을 내부로 끌어들이도록 계획했다. 남향의 충분한 볕을 받을 수 있도록 조성된 개인 공간은 안방, 서재, 아이들방, 공부방이 나란히 이어진다. 집으로 둘러싸여 실내 어디서나 시선이 향하도록 한 마당은 쌍둥이를 위한 자연 놀이터이자, 식물을 좋아하는 아빠를 위한 화단이자, 햇볕 아래서 고요한 휴식을 보내는 엄마를 위한 여가 공간이다. **글 · 노서영 / 사진 · 이재우**

5 박공 지붕이 길게 이어지는 거실과 주방. 빌트인 가구로 간결하게 정리된 주방과 아일랜드 조리대 앞으로 넓은 다이닝 테이블이 놓여 있다.

6 다이닝 공간에는 낮은 위치에 유리 블록으로 설치한 창을 통해 채광을 확보하고 다채로운 실내 풍경을 만든다.

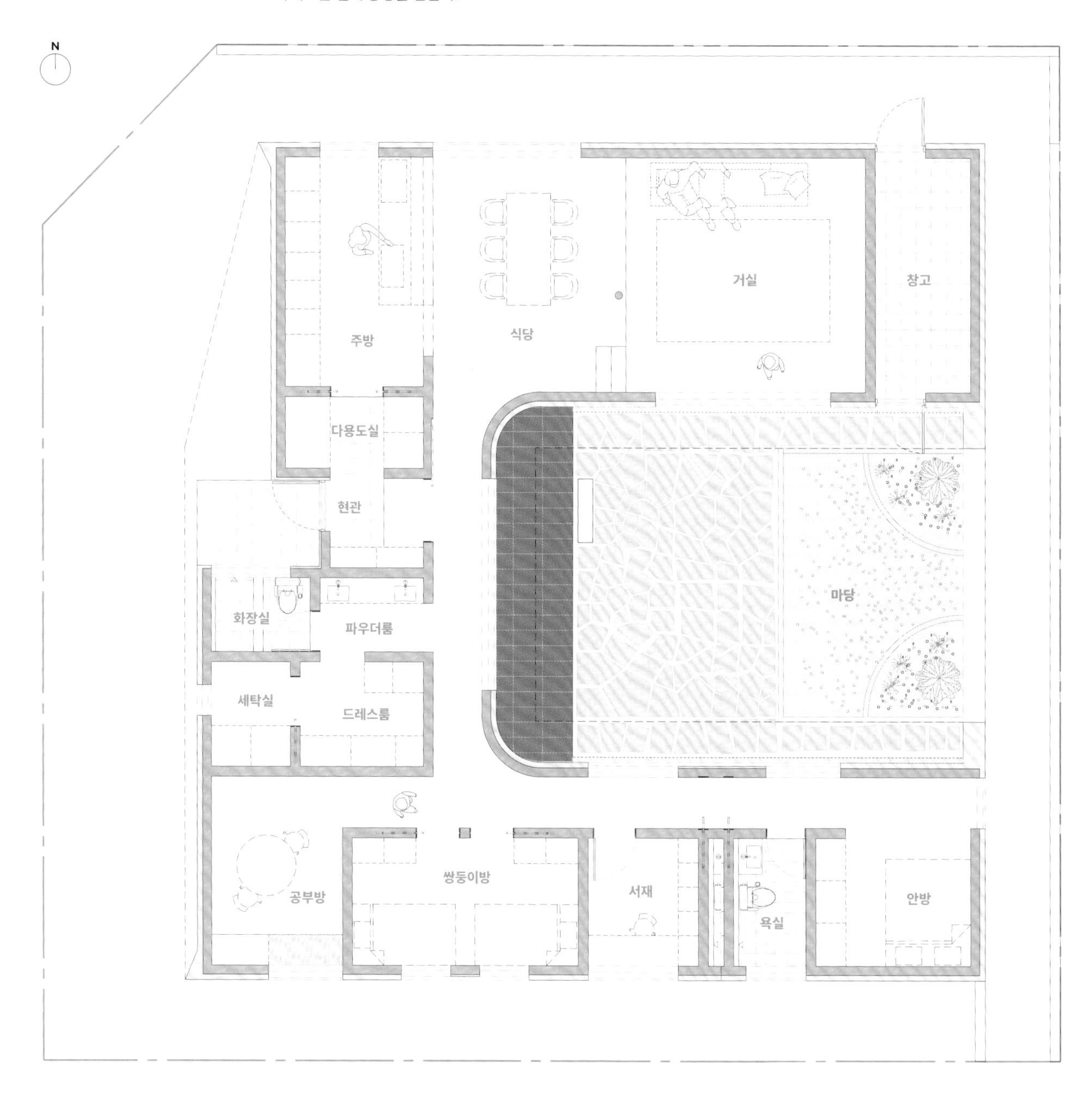

5

6

7 안방과 아이들방, 서재 등이 배치된 개인 공간의 복도. 마당 방향의 코너벽은 곡선으로 마무리해 부드러운 인상을 만들었다.

8 현관으로 들어서면 정면으로 마당을 내다볼 수 있다. 현관을 중심으로 나뉘는 공용 공간과 사적 공간 사이에는 화장실, 세탁실, 다용도실과 같은 서비스 공간을 배치해 완충 구역을 만들었다.

9 아이들방은 아직 함께 지내기를 좋아하는 쌍둥이를 배려해 향후 유동적으로 공간을 분리할 수 있도록 디자인했다.

10 안방 측면에 큰 창으로 공원의 풍경을 담아 밝고 쾌적한 공간이 유지된다.

8

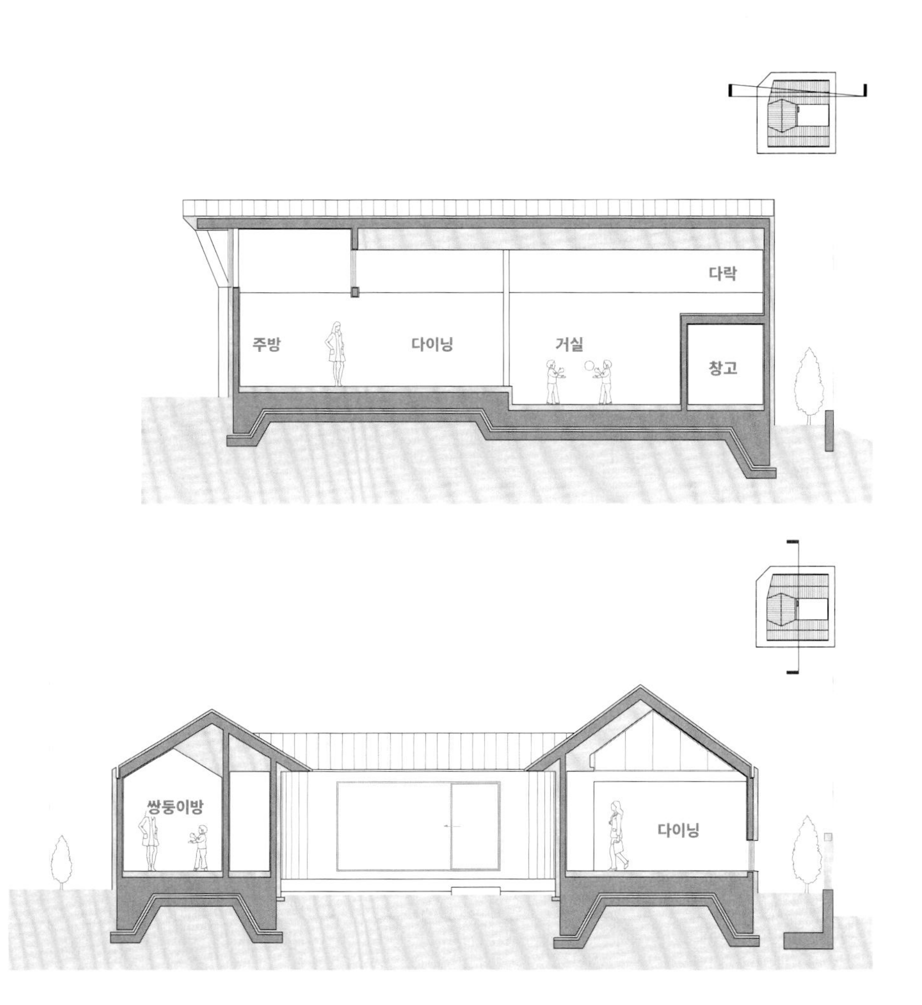

9

10

안동 혜유가 慧遊家
가족의 평생 캠핑장을 짓다

HOUSE PLAN

대지위치 : 경상북도 안동시 | **대지면적** : 649m2(196.66평) | **건물규모** : 지하 1층, 지상 1층 + 다락 | **건축면적** : 112.40m2(34.06평) | **연면적** : 139.68m2(42.32평) | **건폐율** : 17.32% | **용적률** : 16.59% | **구조** : 기초 - 철근콘크리트 매트기초 + 줄기초 / 지상 - 벽체 : S.P.F. 2×6 + 11T OSB 합판 / 지붕 : S.P.F. 2×12 + 11T OSB 합판 | **최고높이** : 8.56m | **주차** : 1대 | **단열재** : 수성연질폼 | **외부마감재** : 벽 - 테라코코리아 스터코 / 지붕 - 녹스탑 징크그레이 0.5T | **창호재** : 삼익산업 이노틱 시스템창호, 프레스티지 3중 유리 1등급, 스윙 플러스 3중 유리 1등급 | **철물하드웨어** : Simpson Strong Tie, LSTA30 Strap Ties, 홀다운 | **에너지원** : 기름보일러(경동나비엔) | **전기·기계·설비** : (주)대림엠이씨 | **시공** : 망치소리, 동화하우징 | **설계** : 건축사사무소 KDDH 김동희 **www.kddh.kr**

INTERIOR SOURCE

내부마감재 : 벽지 - LG하우시스 휘앙세와이드 / 바닥 - 구정마루 브러쉬골드 오크클래식 | **욕실 및 주방 타일** : 한브라벳 수입타일 | **수전 등 욕실기기** : 대림바스 | **주방 가구 및 붙박이장·책장·수납장** : 빈스70 | **조명** : 레드밴스 | **계단재** : 오크집성목(현장시공), 평철 난간 | **현관문** : 금만기업 | **중문** : 소소리도어 | **방문** : 예림 ABS | **폴딩도어** : 이지폴딩

안동 시내와 지척이지만, 평온한 시골 동네.
부부는 첫 아이 출산에 맞춰 집짓기라는 큰 과제에 도전했다.
가족의 애정이 듬뿍 담긴 이 집에서 아이는 첫 걸음마를 뗀다.

1

박동철, 김현하 씨 부부는 바람대로 아이를 낳고 백일이 될 때쯤, 새집에 입주했다. 아이의 태명 '혜(慧 : 슬기로울 혜)'에서 따, 집의 이름도 '혜유가(慧遊家)'로 지었다. 설계에만 꼬박 1년, 시공에도 7개월을 쏟은 즐겁고도 지난했던 시간은, 평생을 함께할 가족의 보금자리로 돌아왔다. 이 모든 건 꼼꼼하고 계획적인 부부의 노력이 없었다면 불가능했을 일이다. 경북 안동에서 평범한 직장인으로 일하는 동철 씨와 심리상담가인 아내 현하 씨는 집터를 알아볼 때부터 신중했다. 지역 정보지를 들춰보며 출퇴근 길목으로 땅을 알아보러 다니다 마침내 초등학교 운동장이 훤히 보이는 전망 좋은 대지를 발견했다. 모양이 반듯하지 않고, 경사진 땅이라 쉽게 주인을 만나지 못한 곳이었다. "누군가는 악조건이라 할 수 있지만, 설계로 충분히 극복할 수 있다고 생각했어요. 건축가와 함께 이를 보완할 수 있는 배치와 디자인을 논의하기 시작했지요." 산과 들을 낀 한적한 동네는 새집 소식에 조금씩 부산해져 갔다.

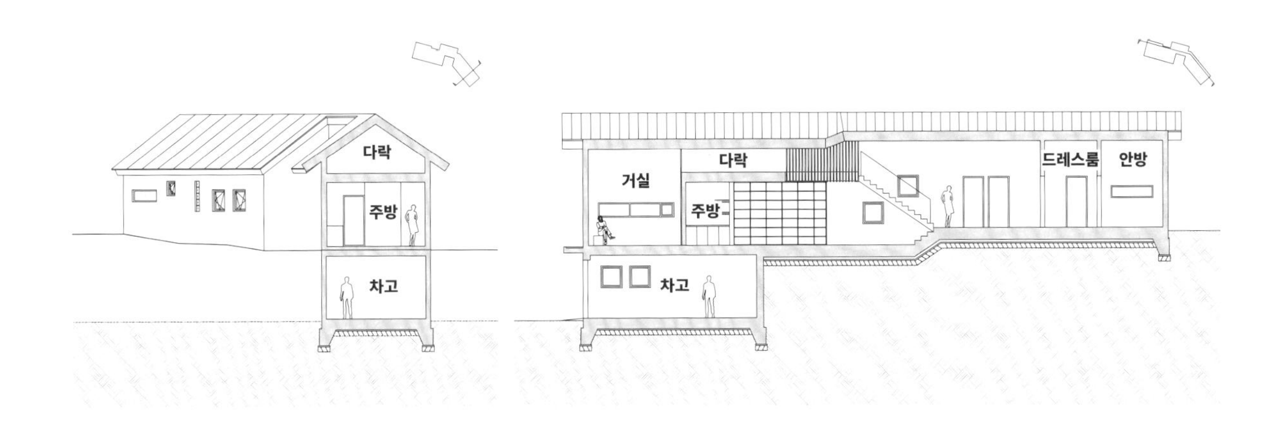

1 1층 차고 위에 거실이 앉혀진 경사 주택은 콘크리트와 경량목구조가 결합된 하이브리드 공법을 적용했다.

2 가장 깊은 곳에 자리한 매스는 처마 아래 타프를 위한 철물 장치만 넣고 따로 창을 내지 않았다. 마당 캠핑장에서 영화를 볼 스크린이자 외벽이다.

3 전면 차고는 정비를 좋아하는 남편을 위한 작업실 겸 취미 공간이다.

동철 씨는 세차와 정비 등 차 만지는 일을 즐기며, 현하 씨는 독서와 뜨개질 등 정적인 취미를 가졌다. 이런 둘의 공통된 관심사는 캠핑. 주말이면 동철 씨의 손때 묻은 차를 타고 자연 속으로 나가 조용한 시간을 보내던 부부에게, 아파트는 정말 맞지 않는 옷이었다. 부부는 새집에 각자의 라이프스타일을 고스란히 담기로 했다. 사랑방같이 쓸 차고와 다소 독립적인 마당, 넓고 쾌적한 욕실과 최소 면적의 침실이 쌓이고 이어지며 평면을 만들었다. 전면에 차고를 배치하고, 실제 주거 공간은 그 위로 올려 전망을 즐길 수 있는 형태다. 외장재는 한정된 예산을 고려, 가격 대비 성능이 좋은 스터코와 컬러강판이 사용되었다. 건축가는 부담스럽게 느껴질 수 있는 길쭉한 매스의 돌출된 면에 색상을 입히는 것으로 분절감을 주는 아이디어를 더했다.

4

현관을 들어서면 공간은 좌우로 극명하게 나뉜다. 책장을 둔 왼쪽 복도를 걸으면 전면창이 있는 거실과 만난다. 오픈 형태의 주방이 함께 있고, 그 뒤로 널찍한 보조 주방이 딸렸다. 거실은 적재적소 창의 위치가 무릎을 치게 만든다. 식탁 자리에서는 소나무 산이 가로 그림으로 펼쳐지고, 소파에 앉으면 산과 하늘이 만들어내는 멋진 경치가 사각 액자에 담긴다. 전면창 앞으로는 발코니를 만들어, 안에서도 밖에서도 동네 풍경을 사계절 즐기게 된다. 현관에서 오른쪽으로 돌면 작은 계단을 통해 사적 공간으로 닿는다. 복도를 따라 자녀방-욕실-세탁실-드레스룸-안방이 일렬로 배치되어 있다. 건축주는 활기찬 하루를 위해 욕실 공간을 최우선에 두고 침실보다 더 큰 면적을 할애했다. 또한, 자녀방은 둘째가 태어날 것을 대비해 벽 대신 미닫이문을 두어 유연하게 대응했다.

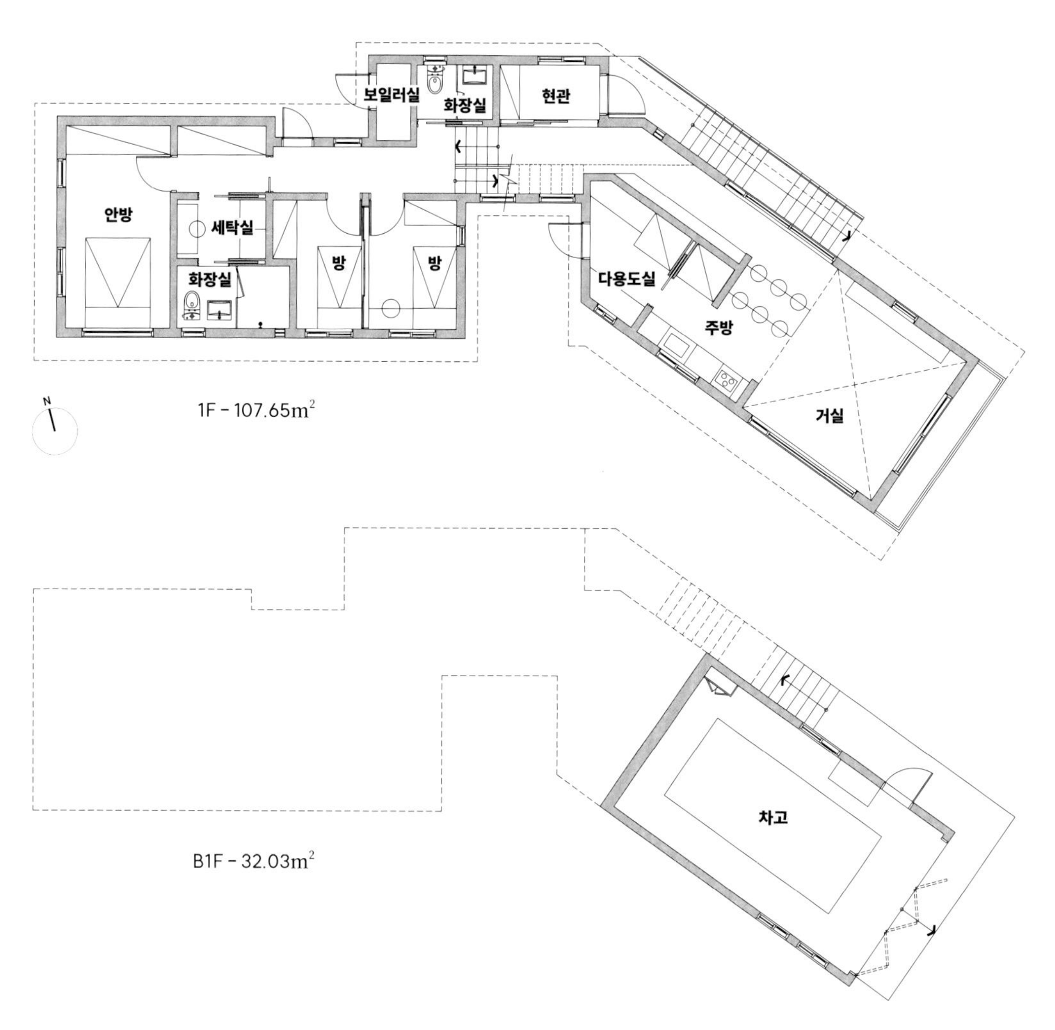

4 돌출 부위의 벽체 컬러와 조화를 이룬 현관부. 처마를 길게 빼 통행의 불편함을 덜었다.

5 경사진 땅의 흐름이 그대로 나타나는 실내 동선. 낮은 계단을 오르면 침실로 향한다. 다락 계단 아래로는 수납 공간을 두었다.

6 콤팩트한 크기의 일자형 주방. 안쪽에는 다용도실을 두어 식자재나 기구를 보관하고 냄새가 많이 나는 음식을 조리할 수 있게 배려했다.

7 현관에서 좌측 통로를 통해 보이는 뷰. 탄탄하게 짜여진 책장 뒤로 가족의 공용 공간이 등장한다.

8 시선이 닿는 곳마다 좋은 뷰의 창을 내어 풍경 속에 공간이 오롯이 담긴다.

인테리어는 목조주택의 자연스러움을 강조해 흰 배경에 나무로만 포인트를 줬다. 구조부재를 노출시키고, 자칫 밋밋할 수 있는 면은 루버로 채운 식이다. 주방 가구를 포함해 붙박이장, 책장 등 모든 가구는 하드우드로 주문 제작한 덕에, 집의 모든 면에 맞아떨어진다. "긴 시간 설계에 집중한 덕분에 시공 중 변경도 거의 없고, 도면대로 작업 되는지만 살피면 됐어요. 공사는 예상치 못한 복병을 만나 길어졌지만, 그만큼 애정을 쏟아 완성도를 높일 수 있었던 것 같아요. 앞으로의 날, 우린 집을 어떻게 더 즐길지만 고민할 거예요." 안마당에 타프 치고 365일 캠핑하기, 외벽을 스크린 삼아 영화 감상하기, 차고 겸 작업실에서 빈티지카 손보기 등등 이들의 플랜은 무궁무진하다. 아장아장 걷는 아이 손을 잡고, 집 안팎을 누빌 가족의 모습이 절로 그려진다. **사진 · 최지현**

9 식사하며 감상할 수 있는 창밖 전경. 옆산을 빼곡하게 채운 소나무는 한겨울에도 푸르다.

10 자녀방은 추후 생길 둘째를 대비해 미닫이문으로 가벽을 대신했다.

11 세탁실과 화장대, 욕실 등 유틸리티 공간을 한 곳에 집중해 동선이 짧다.

12 천장의 경사각과 구조목이 극적으로 강조되는 심플한 부부 침실

높은 층고의 박공 지붕을 활용한 다락을 만들었다. 작은 창으로 거실과도 소통한다.

제주 섬모루
섬 안의 작은 언덕

HOUSE PLAN

대지위치 : 제주특별자치도 서귀포시 | **대지면적** : 332m2(100.43평) | **건물규모** : 지상 1층 | **거주인원** : 4~5명(가족 별장) | **건축면적** : 97.11m2(29.37평) | **연면적** : 97.11m2(29.37평) | **건폐율** : 29.25% | **용적률** : 29.25% | **구조** : 기초 - 철근콘크리트 매트기초 / 지상 - 경량목구조 | **주차** : 1대 | **최고높이** : 5.5m(굴뚝 기준) | **단열재** : 크나우프 인슐레이션 그라스울 24K | **외부마감재** : 외벽 - 와이드롱 벽돌 타일 위 발수코팅 / 지붕 - 석재 타일, 컬러강판 | **담장재** : 현무암 | **창호재** : 아키페이스 | **에너지원** : LPG | **조경** : 더 가든 | **전기·기계** : 천일엠이씨 | **설비** : 청림설비 | **시공** : 트러스트건설(완공 시공사) | **설계** : NOMAL 최민욱, 조세연 **www.no-mal.com**

INTERIOR SOURCE

내부마감재 : 벽 - 벤자민무어 친환경 도장, 삼익산업 Querkus Natural Allegro / 바닥 - 신명마루 White Sable | **욕실 및 주방 타일** : 윤현상재(샤워실·화장실 벽 PNR-121, 바닥 SAND FJORD / 샤워실 벽 ARTICA BRANDY ROC, 바닥 SAND FJORD) | **수전 등 욕실기기** : 아메리칸스탠다드 | **주방 가구** : 제작 가구(샤인가구), 이케아 | **조명** : Vitra Akari 55A, Phillips LED, T5 | **계단재·난간** : 현무암 판석 | **현관문** : 금만기업 베네판도어 | **데크재** : 삼익산업 Luna wood 19mm

아름다운 풍경을 매일 마주한다는 것.
집을 짓고 깨달은 소소한 즐거움이자 행복이다.

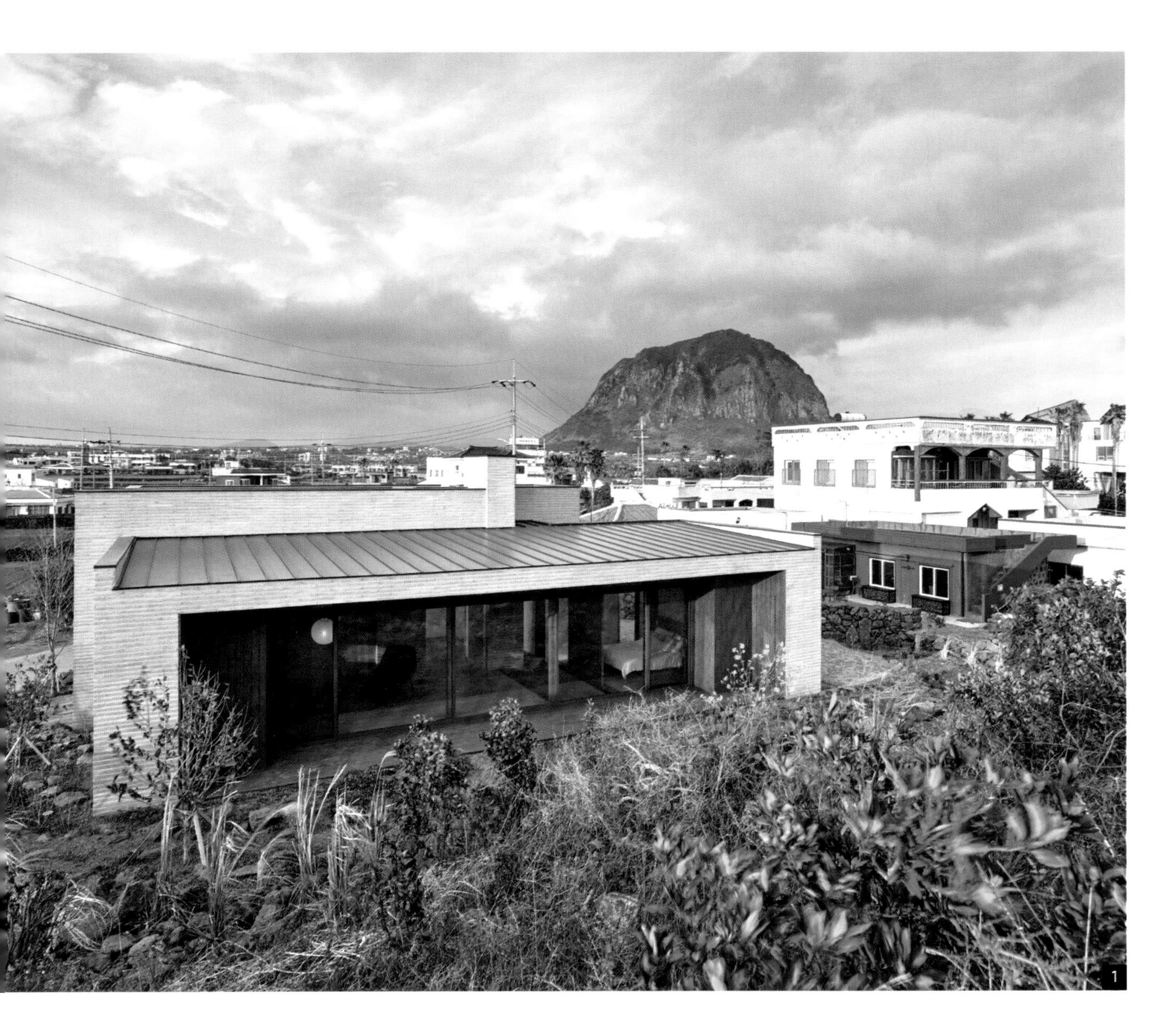

'섬모루' 주택은 제주 서귀포시 안덕면 사계리에 위치한다. 현무암으로 덮인 해안을 따라 마을 안쪽으로 들어오면 바람에 흔들거리는 풀이 가득한 작고 거친 언덕이 있고 그 바로 앞, 대지가 자리한다. 북동측으로 산방산, 남측으로 거친 언덕을 마주한 곳이다. 방문 전 지도를 봤을 땐 바다와 산방산이 주인공이 될 줄 알았다. 그런데 가장 가까운 곳에 홀로 있는 작고 거친 언덕이 진짜 주인공이라는 것을 깨닫기까지는 그리 오래 걸리지 않았다. 설계 시작 전, 땅과 마을을 더 잘 이해하기 위해 건축주에게 양해를 구하고 대지에서 캠핑하며 자료를 모으고 느껴보았다. 대지에서 자연은 마치 오케스트라처럼 하나 되어 이루어져 있었는데, 건축할 경우 과연 이 자연을 어떻게 풀어내야 할지가 관건이었다. 밤늦게까지 직접 관찰하고 고민한 결과, 밖에서 느끼는 자연의 오케스트라를 집으로 들어왔을 땐 독주처럼 나누어 감상할 수 있게 하면 좋겠다는 생각이 들었다. 그리고 이를 언덕, 하늘, 노을, 풀, 바다, 산방산으로 나누어 계획하기로 하였다.

건축주의 요구 조건은 '두 가족이 지낼 수 있는 집, 풍경을 누리는 큰 통창, 그리고 쾌적하고 최대한 열린 실내 공간'이었다. 두 가족이 방문하였을 땐 따로 사용할 수 있지만, 평상시엔 건축주가 주로 혼자 작업하며 머물 계획이었다. 화가인 건축주는 작업을 위해 열린 공간이 필요했고, 집의 기능을 유지하면서도 미술관에서 경험했던 공간을 원했다. 하지만, 막상 설계 초기에 건축주가 원하는 세부 내용을 평면에 담아 보니 당시 거주하던 아파트 평면과 크게 다를 바가 없었다. 결국 합리적이고 기능적인 평면 위에 현재 땅과 더 어울리면서 요청한 내용까지 해결할 새로운 안을 제시하게 되었다.

1 언덕에서 내려다본 건물 전경. 집 뒤에 서 있는 산방산의 풍광이 아름답다. 가로로 긴 통창 너머 비, 바람, 태양으로 보호하기 위해 집의 일부를 밀어 넣는 방식을 택했다. 처마와 데크는 외부에서 비를 피하면서도 거친 언덕을 바라볼 수 있다.

2 돌담과 어우러진 외관

3 옥상으로 가는 외부 계단. 좁고 높은 벽이 양옆에 있어 온전히 하늘만을 보며 오르게 된다.

4 집 중심에 놓인 욕조. 욕조에 누워 한쪽 문을 열면 가로로 긴 통창을 통해 거친 언덕이 보이고 반대편 문을 열면 눈높이에 위치한 낮은 띠창으로 바깥 풍경을 감상할 수 있다. 양쪽 문을 닫으면 천창을 통해 하늘이 펼쳐진다.

5

6

5 거실에서 본 주침실 쪽 모습. 침실은 루버를 활용하여 일정 부분 가려주되, 열려 있는 쾌적함을 유지하고자 하였다.

6 조경 공사를 통해 잘 다듬어진 거친 언덕 뷰

7 거실과 건축주의 침실은 한 단 낮은 복도를 사이에 둠으로써 공간을 구분하였다.

얼핏 평범해 보이는 이 집의 평면은 사실 조금 색다르다. 집을 크게 두 개의 공간으로 나누어 한쪽은 거친 언덕을 향해 가로로 긴 통창을, 한쪽은 높은 하늘과 노을을 볼 수 있도록 세로로 높은 통창을 배치하였다. 약 100m²(약 30평) 규모의 집을 쾌적한 열린 공간으로 사용할 수 있도록 화장실과 창고를 제외한 모든 벽을 없앴다. 대신 실은 구분할 수 있게 바닥과 천장의 높낮이를 활용했다.

두 개의 공간으로 나누기 위해 중심선을 따라 외부 계단을 배치하고 계단 하부는 창고로 계획하였다. 두 공간은 완전히 막지 않고 중앙에 욕조를 두어 구분하고 거친 언덕 쪽을 향한 프레임이 되도록 하였다. 욕조 공간은 필요에 따라 미닫이문을 여닫음으로써 공간 구획이 가능하다.

이 문으로 집은 하나였다가 두 개로 나누어지기도 한다. 각 공간에는 개별 화장실이 있고 공동의 문을 사용하거나 각각의 문을 사용할 수도 있다. 한편, 제주의 시공 문화는 육지와 정서, 방식 등이 달라 시공 과정에서 애를 많이 먹었다. 건축주가 선정한 최초 시공사는 착공 후 도면을 보지 않고 자의적으로 시공하는 부분이 많아 현장에 적합할 수 있게 여러 차례 조정이 요구되었다. 그럼에도 불구하고 문제는 끊이지 않았고 약속한 공사 기간까지 넘겼다. 덕분에 업무량이 몇 배가 되었으며 건축주의 마음고생도 무척 심했다. 하지만, 모두에게 의미 깊은 집이라 잘 완공되기를 바랐기에 같이 최선을 다하였고, 다행히 새로운 시공사와 공사를 잘 이어가며 순조롭게 마무리할 수 있었다.

건축 공사 후 돌담을 쌓고 헝클어진 대지를 정리하였다. 거친 언덕과 집이 조금 더 가깝게 연결될 수 있도록 언덕 경계에 쌓인 기존 담을 다듬어 주었다. 조경을 통해 언덕과 집이 어우러질 수 있었고, 제주의 특성도 보다 더 잘 살려낼 수 있었다. 종종 이곳에는 길고양이들이 찾아와 산책하거나 잠을 자곤 하는데, 창가에 앉아 이 광경을 볼 때면 기분이 좋아진다고 한다.

8 붙박이장으로 깔끔하게 수납장을 짜 넣은 또 하나의 침실.

9 복도는 욕조를 중심으로 두 개의 공간과 주출입구를 연계하여 기능을 부여한다.

9

DIAGRAM

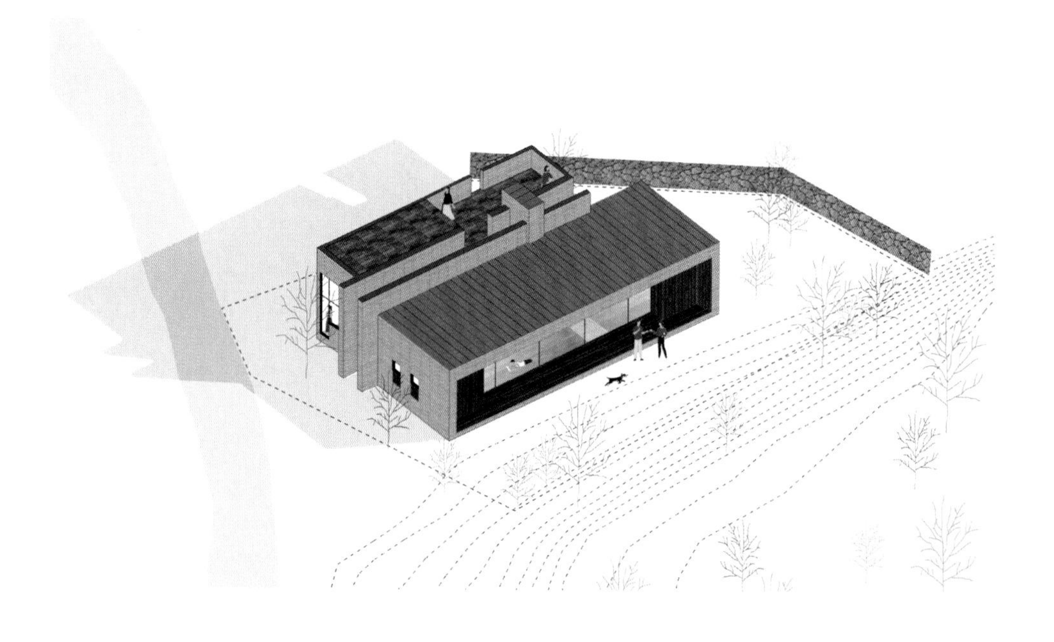

SECTION

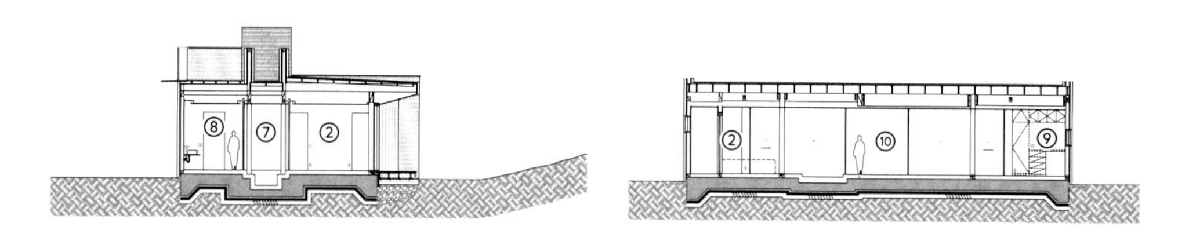

PLAN

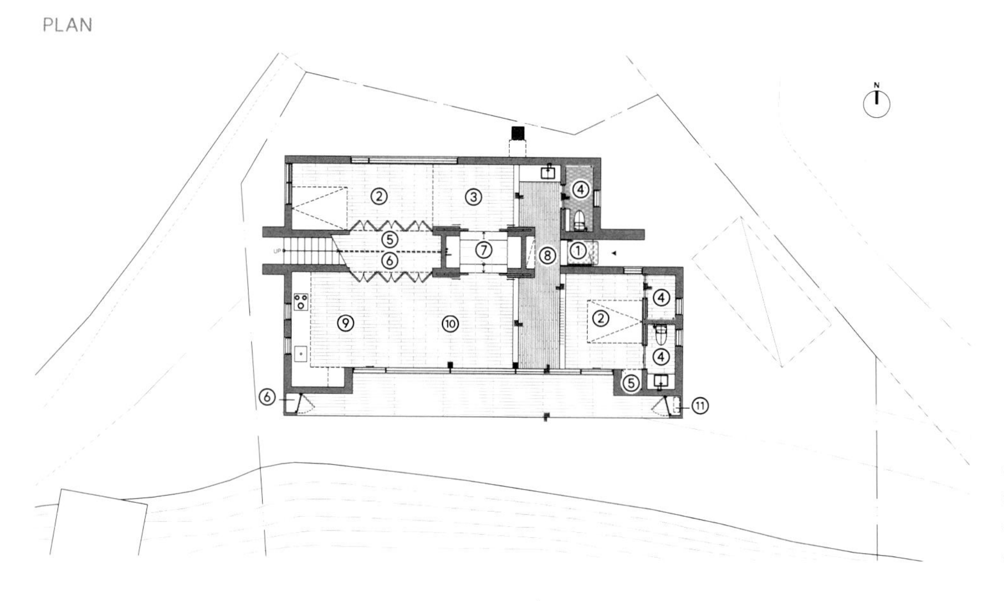

①현관 ②침실 ③스튜디오
④샤워실/화장실 ⑤옷장
⑥창고 ⑦욕조 ⑧홀 ⑨주방
⑩거실 ⑪보일러실

1F - 97.11M²

건축주는 현재 제주에 내려와 책을 읽으며 빗소리를 듣고, 차를 마시며 꽃을 보고 바람에 움직이는 풀을 즐긴다. 발을 담그고 달을 구경하고, 명상을 하며 구름의 움직임을 느리게 따라간다. 침대에 누워 보는 산방산, 그림을 그리다 올려다본 높은 하늘, 차분한 노을 풍경까지. 집의 의도대로 자연의 독주를 잘 향유하고 있는 건축주의 삶. 겨울이 지나 봄이 오고, 계절에 따라 변해가는 자연은 또 어떤 모습으로 즐거움을 선사해줄지 건축주와 우리는 기대하고 있다. **사진 • 노경**

10 옥상에 오르면 펼쳐진 하늘과 거친 언덕을 높은 시선에서 볼 수 있다. 또한, 주변 건물들로 인해 가려졌던 북측 앞바다가 비로소 보인다.

11 벽 아래 긴 수평창을 내어 은은한 빛과 근경을 집 안 깊숙이 들였다.

10

11

거친 언덕이 주인공이 된 집의 이름 '섬모루'는 '섬'과 언덕을 뜻하는 제주 방언 '모루'를 합친 것으로, '섬의 언덕'이라는 의미를 가진다.

다시 찾은 고향집
임당리 주택

HOUSE PLAN

대지위치 : 경상북도 청도군 | **대지면적** : 373.98m2(113.13평) | **건물규모** : 지상 1층 + 다락 | **거주인원** : 2명(부부) | **건축면적** : 134.51m2 (40.69평) | **연면적** : 129.12m2(39.06평) | **건폐율** : 35.96% | **용적률** : 34.52% | **구조** : 기초 - 철근콘크리트 매트기초 / 지상 - 경량목구조 | **주차** : 1대 | **최고높이** : 6.20m | **단열재** : 벽 - 비드법보온판(네오폴 가등급) 100mm + 그라스울(R21) / 지붕 - 그라스울(R-38) / 바닥 - 비드법보온판(네오폴 가등급) 100mm | **외부마감재** : 벽 - STO 외단열시스템 / 지붕 - 컬러강판 거멀접기 | **담장재** : 루나우드 루버 목재 | **창호재** : 알루미늄 시스템창호 42mm 삼중로이유리 | **철물하드웨어** : 심슨스트롱타이 | **에너지원** : 기름보일러 | **목공사** : 서성욱 목수 | **시공** : 건축주 직영 | **설계** : (주)문아키 건축사사무소 조문현

INTERIOR SOURCE

내부마감재 : 벽 - 수성페인트, 편백 루버 12mm, 자작나무 합판 9mm / 바닥 - 티크 원목마루 | **욕실 및 주방 타일** : 아름드리 타일 | **수전 등 욕실기기** : 아메리칸스탠다드 | **주방 가구 및 붙박이장** : 한샘 | **조명** : 을지로 모던라이트 | **계단재·난간** : 미송 집성목 18mm, 38mm | **현관문** : 알루미늄 시스템도어 | **중문·방문** : 현장 제작 | **데크재** : 콘크리트

선친이 남기고 간 땅을 지키고, 가족들이 모두 모일 수 있는 집을 가지는 것이 인생 마지막 소원이라는 아버지를 위해 건축가 아들이 팔을 걷어붙였다.

생계를 위해 고향을 떠났고, 타지에서 허리 펼 새 없이 일하다 보니 어느덧 40년이 훌쩍 지나버렸다. 그동안 장성한 두 아들은 각자의 가정을 꾸렸고, 일흔의 문턱을 넘기고 나니 고향 품으로 돌아가고 싶단 바람이 더욱 커졌다. '더 늦기 전에 실행에 옮기자.' 노부부는 오래 운영한 제과점 일을 내려놓고, 옛 추억이 고스란히 남아 있는 경상북도 청도의 작은 마을을 다시 찾았다. 100년 넘게 그 자리, 그대로 지키고 선 초가집 한 채. 부모님이 돌아가신 이후엔 긴 시간 거의 방치되다시피 했던 터라 폐가가 된 집은 두 사람이 머물 수 있는 환경이 못되었다. 고쳐 살기에도 너무 낡아 결국 구옥을 철거하고 새로 집을 짓기로 했다. 다른 건축주라면 이제부터가 시작이고 할 일도 태산일 테지만, 부부는 '이런 집에 살고 싶다' 말만 전한 채 그저 마음 편히 완공 날만 기다렸다. 그 이유는 바로 건축가인 첫째 아들 조문현 소장이 있었기 때문. "아버지가 8남매 중 장남이시라 제사, 생일 등 집안 행사가 있을 때마다 가족들이 많이 모여요. 이런 일이 매달 1~2회 있어 그에 맞게 규모를 정하고, 건강하고 따뜻한 집을 원한 부모님을 위해 목조주택을 선택했습니다."

1 길에서 바라본 주택 전경. 긴 나무 담장과 집이 잘 어우러진다.

2 쭉 뻗은 담장 너머로 솟아오른 집

TIP. "농촌 주택에 대한 편견을 버려라"

집을 지을 때 모든 것이 예산과의 싸움이다. 이 집의 목표 또한 일반적인 농촌 주택의 예산안에서 해결하는 것이었다. 현재 시골에 신축하는 집들은 대부분 콘크리트 또는 조립식(샌드위치 패널)이라 이 집을 통해 농가 목조주택의 대안을 만들고자 하였다. 우리나라가 아열대기후로 점점 바뀌고 있는 현상 때문에 지붕과 벽면 마감 모두 흰색으로 했는데, 실제로 집이 위치한 청도는 한여름 기온이 40℃까지 올라가는 날도 많았다. 이러한 열기를 효율적으로 반사시키려는 의도로 흰색을 선택했고, 이는 큰 효과를 보았다.

아들은 연로한 부모님이 생활하시기에 불편함이 없도록 기존 집과 같은 남향으로 건물을 배치하고, 주차장과 안마당 등이 동선에 따라 자연스럽게 구분되도록 꼼꼼하게 설계했다. 또한, 아버지의 소망이 '가족들이 모일 수 있는 집'이었던 만큼 내부는 부모님이 거주하는 사적 영역과 가족이 함께 공유할 수 있는 공적 영역으로 분리하고 각 공간에 맞는 역할을 부여했다. 특히 공적 공간으로 사용되는 거실, 식당, 주방, 다락방은 하나의 공간으로 시각적인 연속성을 지녀 대가족이 모이더라도 답답함이 없는, 즐거운 단합의 장소가 되어준다. "고향에 집을 지은 후 가족들의 모임이 더 많아졌어요. 행사가 있을 때만 의무적으로 오가던 형제들이 이젠 펜션에 놀러 오듯 자주 들려요. 거실 가운데 모여 앉아 손주들을 보며 대화도 나누고 추억도 나누고. 매주 손님이 와도 힘들기보단 행복하네요. 허허." 어느 한 부분 신경 쓰지 않은 곳 없이, 아들의 손길로 정성스레 완성한 집. 이사 후 부부의 얼굴에 웃음꽃이 활짝 핀 까닭도 바로 여기에 있었다. **사진 • 변종석, 김원양**

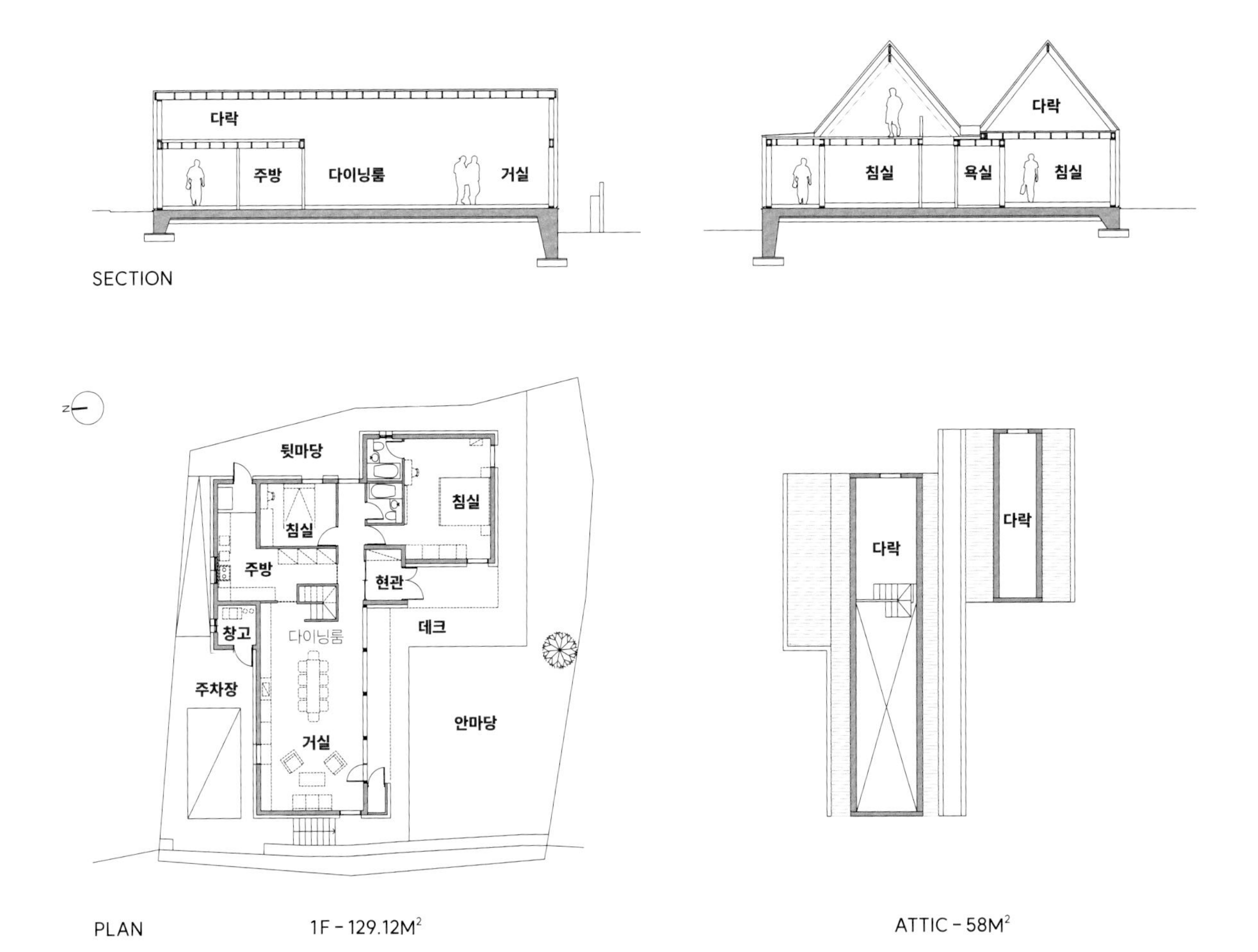

가족이 모두 함께 모여도 넉넉한 거실. 내부는 부모님의 연세를 생각해 건강에 좋다는 편백나무와 자작나무 합판 등 원목을 많이 사용했다.

3 침실 위로 각종 짐을 보관할 수 있는 넓은 다락을 두었다. 창고 용도이기에 별도의 계단이 아닌 접이식 사다리를 설치해 공간을 절약했다.

4 높은 층고를 활용해 만든 다락. 그 아래로 주방이 배치되어 있다.

5 현관 앞 캐노피는 그림자를 드리우며 따가운 볕을 피해 휴식 공간을 제공한다.

6 군더더기 없이 깔끔하게 꾸민 부모님의 침실. 코너에 적당히 창을 내어 채광과 마당 전망을 동시에 해결하였다.

7 식탁에서 이야기를 나누는 부모님. 어느 공간 하나 허투루 하지 않고 설계해준 아들 덕분에 불편함 없이 주택생활에 적응하며 즐기고 있다.

7

임당리 주택의 포인트

마당으로 열린 창

안마당을 향해 전면창을 내었다. 덕분에 언제나 따스한 빛이 내부 깊숙이 스며든다. 예전부터 그 자리를 지키던 나무는 아늑한 정원의 풍경을 더욱 돋보이게 한다.

손주들이 좋아하는 다락

높은 층고로 인해 생긴 다락 공간. 지붕선을 따라 노출된 구조목재는 실내의 공간감을 풍성하게 만든다. 천창을 통해 들어온 햇살은 부드러운 조명의 역할을 해준다.

동선을 배려한 문

주방에는 2개의 미닫이문이 있다. 현관, 다이닝룸과 각각 연결되는 문으로, 연로하신 어머니의 불필요한 움직임을 줄이고 효율적인 동선을 배려한 의도다.

8·9 거실 앞으로 앞마당이 펼쳐진다. 널찍한 마당은 가족은 물론 이웃들과도 공유하는, 활용도 높은 장소이다. 정면 현관을 중심으로 공적 공간과 사적 공간이 분리된다.

10 어둠이 내려앉고 불이 켜진 집의 모습. 집 외부를 두른 콘크리트 데크는 목재보다 유지·관리에 대한 부담이 적어 부모님의 편의를 배려해 선택한 것이다.

ⓒ김원양

YES KIDS ZONE
제주 선흘아이

HOUSE PLAN

대지위치 : 제주특별자치도 제주시 조천읍 | **대지면적** : 1,575m2(476.43평) | **건물규모** : 지상 1층(주동 + 민박동) | **거주인원** : 5명(부부 + 자녀3) | **건축면적** : 316.85m2(95.84평) | **연면적** : 296.19m2(89.59평) | **건폐율** : 20.12% | **용적률** : 18.81% | **구조** : 기초 - 철근콘크리트 매트기초 / 지상 -철근콘크리트 | **주차** : 4대 | **최고높이** : 7.6m(주동), 8.1m(민박동) | **단열재** : 수성연질폼 100 | **외부마감재** : 외벽 - 골패턴 콘크리트 / 지붕 - 무근콘크리트 위 수성페인트 | **담장재** : 제주 자연석 쌓기 | **창호재** : 이건창호 PVC 시스템, 알루미늄 창호 43mm 삼중유리, 제작 커튼월 등 | **조경** : 듀송 플레이스 | **전기·기계·설비** : 정연엔지니어링 | **구조설계** : 한길구조엔지니어링 | **시공** : G.A.U 아키팩토리 | **설계** : ㈜요앞건축사사무소 **http://yoap.kr**

INTERIOR SOURCE

내부마감재 : 벽, 천장 - 아이생각 친환경수성페인트 / 바닥 - 엘림 마모륨(프레스코, 콘크리트), LG하우시스 강마루 | **욕실 및 주방 타일** : 이공세라믹, 이누스 | **수전 등 욕실기기** : 대림바스, 이케아, 이시스, 앙트레 | **주방 가구 및 붙박이장** : 와셀로 www.wacello.co.kr, 이케아 | **조명** : 루이스 폴센, 르위켄 | **계단재·난간** : 멀바우 + 강화유리 제작 | **현관문** : YKKAP 베나토 w04 러스틱 우드 | **중문** : 제작 슬라이딩 도어 금속자재 + 도장 마감 + 망입유리 | **방문** : 영림임업 ABS 도어 | **데크재** : 현무암 판석

동화 속에서 본 것 같은 신비로운 형태의 집.
야트막한 언덕 아래 펼쳐진 세모, 네모, 동그라미
다채로운 도형 안에서 오늘도 아이들은 무럭무럭 자란다.

아이의, 아이에 의한, 아이를 위한 공간

제주에서 평생을 살아온, 두 살 터울의 초등학생 삼 남매를 둔 건축주 부부. 연세(年貰) 임대주택 3년, 구옥 리모델링 8년 총 11년의 단독주택 생활을 거쳐, 한라산을 등지고 바다를 내다보는 언덕 위에 가족만의 집을 짓기로 결심했다. 작은 마당에서도 즐거워하던 아이들의 웃음은 광활한 땅이 가진 잠재력과 상상력을 일깨웠다. 거주 목적의 단독주택과 함께 아이 친화적인 민박까지 두기로 한 것이다. 평소 아이들을 데리고 다니면서 힘들었던 경험, 환영받지 못하던 분위기를 여기서만큼은 느끼지 않게 오직 아이들을 위한 공간을 건축가와 함께 그려나갔다. 실내 온수풀, 모래 놀이터, 볼풀, 잔디 동산, 피크닉 전용 오두막 등 키즈카페를 방불케 하는 놀이 천국은 오로지 아이들의 눈높이에 맞게 설계했다. 침실과 화장실을 제외하고 모든 내부 공간이 한눈에 보이도록 경계 없이 배치돼 아이들은 자유롭게 움직이고, 부모는 안심하고 지켜볼 수 있다. 집에서는 쉽게 볼 수 없었던 삼각형의 평면, 곡선의 창문, 파스텔톤의 가구 등 다양한 공간 체험이 아이들의 오감을 자극한다.

1 청량한 민트색 타일이 재미를 배가시켜주는 풀장. 70cm 정도의 수심에 24시간 자동 순환·여과 시스템으로 안정성을 확보했다. 부채꼴 큰 창으로 자연 채광이 들어와 마치 밖에서 물놀이 하는 기분을 선사한다.

2 해 질 녘의 선흘아이. 비현실적인 모습이지만, 단순하면서도 직관적인 외관은 풍경 속에 자연스럽게 녹아든다.

1

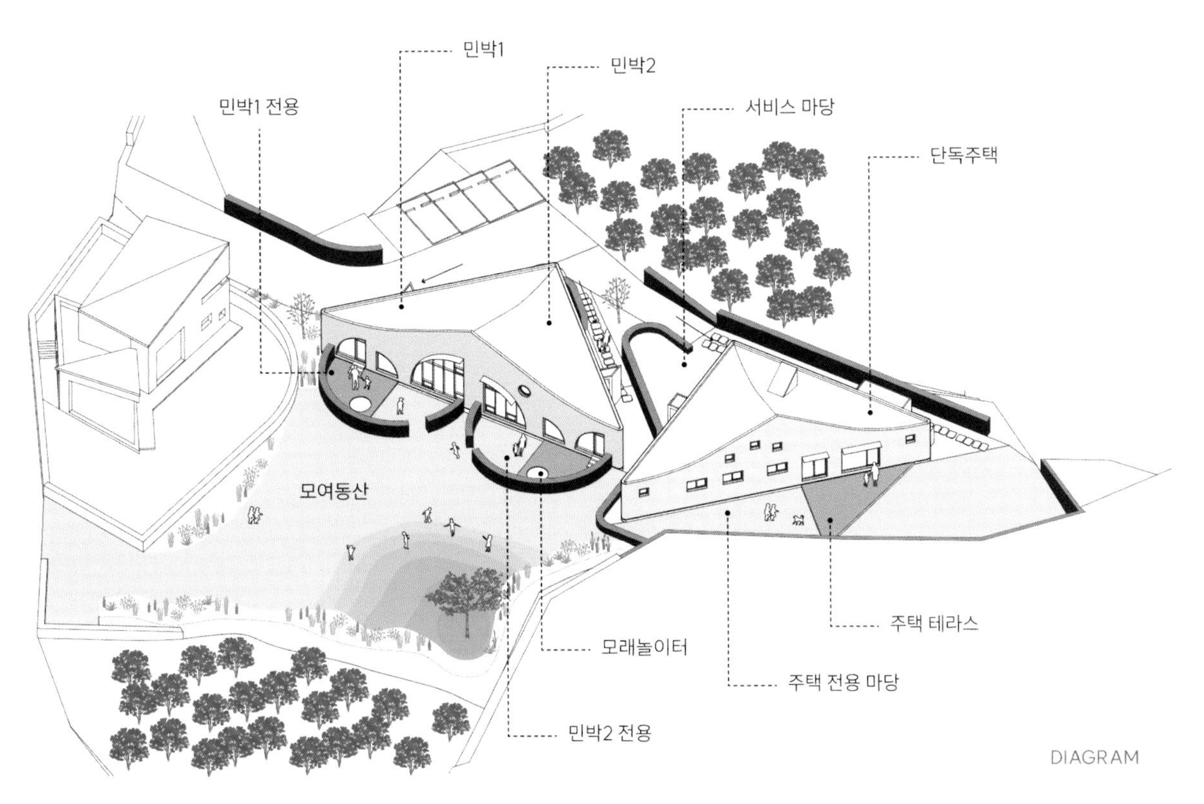
민박1
민박2
민박1 전용
서비스 마당
단독주택
모여동산
주택 테라스
모래놀이터
주택 전용 마당
민박2 전용
DIAGRAM

2

3 각 호 앞에는 돌담으로 둘러싸인 반원형의 전용 마당과 모래 놀이터가 준비되어 있다. 수영장 벽체는 유리벽으로 가볍게 구획해 놀이터, 거실, 식당 등의 경계 없이 한 공간을 이룬다.

4 체크인 시간이 오후 4시경인 것을 감안, 큰 창을 통해 오후 햇살이 스며들도록 건물을 남서쪽으로 길게 배치했다. 실내로 들어오면, 풀장에 쏟아진 빛이 영롱하게 반사하는 순간을 경험하게 된다.

5 왠지 자주 손 씻고 싶은 산뜻한 핑크색 세면볼과 연두색 수납장. 알록달록한 조명은 루이스 폴센 Cirque Pendant 제품

상상과 현실 사이, 동화책에서 본 듯한 주택

동화책에서 나온 집 같은 유선형의 지붕 곡선은 산·파도·바람 등 제주의 자연을 연상시킨다. 이를 극대화하는 노출 콘크리트 수직 패턴 역시 제주에서만 볼 수 있는 돌담과 현무암에서 느껴지는 질감을 표현한 결과다. 건축주 가족이 거주하는 주택은 전체 분위기를 이어가되, 실용성을 우선순위에 두었다. 우선, 민박동과 동선이나 시선이 겹치지 않도록 45° 틀어서 남향을 바라보도록 배치했다. 두 딸을 위해 화장실 딸린 넓은 방을 주고, 아들에게는 다락을 선물했다. 남쪽으로는 독립된 정원도 갖췄다. 민박동과 마찬가지로 오픈된 공용 공간의 중심인 주방에선 거실과 정원, 반대편 복도까지 한눈에 인지된다. 외부에서 시작된 삼각형의 형태는 평면과 내부 경사 천장으로 이어져 공간을 훨씬 풍성하게 만들어 준다. 삼각형의 평면은 욕조나 창고 등 적당한 쓰임새를 찾아 예각 부분을 해결했다. 이 집은 어릴 적 건축주가 손수 심은 감귤나무밭 위에 지어졌다는 점에서도 의미가 남다르다. 그렇게 부모의 기억 위에 아이들의 추억이 쌓여간다. 사진 • 류인근

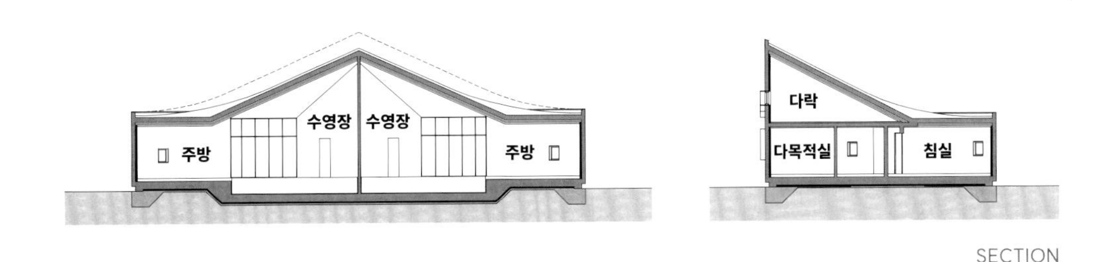

SECTION

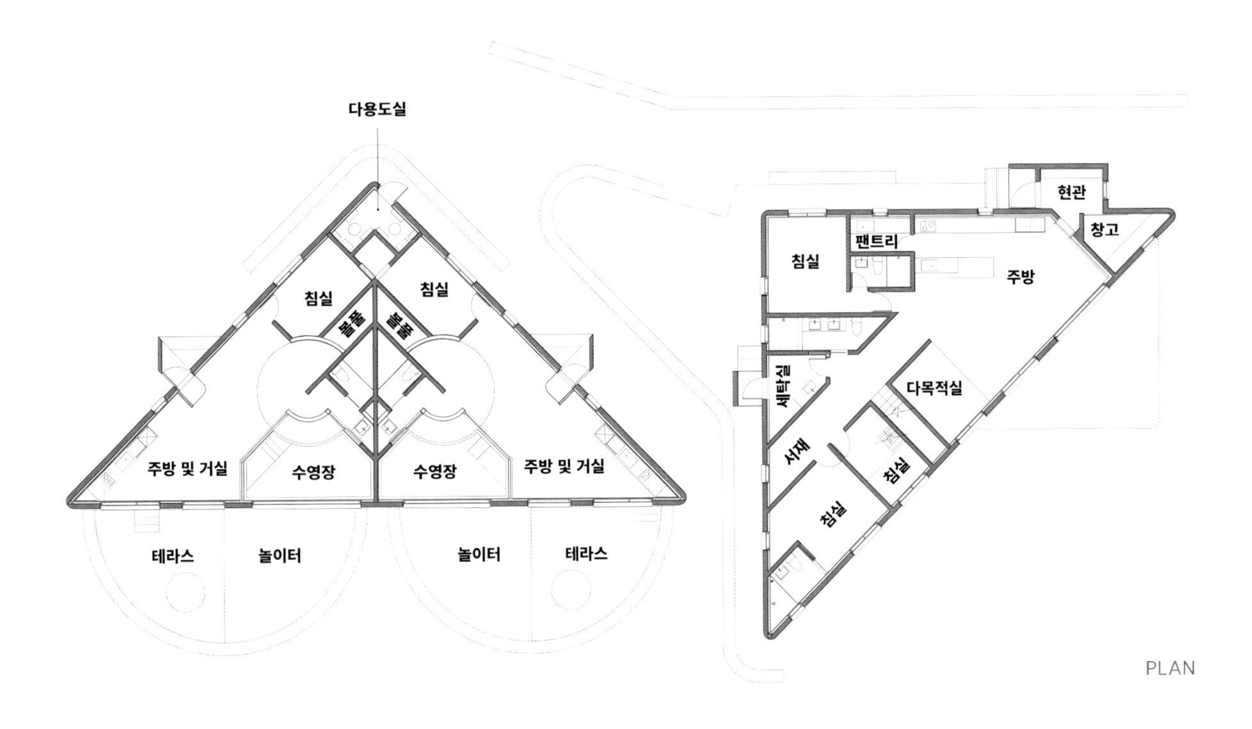

PLAN

6 캐치볼 하기 더없이 좋은 모여동산. 완만한 경사의 언덕은 아이들이 마음껏 뛰어놀 수 있는 들판이, 특히 겨울에는 눈썰매장이 되어 준다.

7 주거동 진입로는 단지에서 가장 깊숙한 곳에 위치해 있고, 민박동과 접하는 면에는 최소한의 개구부만을 계획했다. 대신 관리의 용이함을 위해 세탁실이나 창고 등을 주요 동선 중간에 배치했다.

8·9 경사진 천장과 사선 매입 조명이 독특한 공간감을 구현하는 거실 겸 주방. 벽, 천장, 바닥 모두 화이트 바탕이지만, 아일랜드 포함 주방가구와 벽면 모두 블랙으로 마감해 대비를 이룬다.

10 아이들 공간에서 보이는 시선 끝에 위치한 주방. 언제든 위치를 파악할 수 있는 단순한 동선이 가족 간의 유대감을 북돋운다. 삼각형의 평면과 박공지붕이 드라마틱하게 드러나는 진입부의 공간 활용 역시 주목할 만하다.

8

9

10

단지로 처음 들어섰을 때 보이는 건물의 입면. 수직 패턴을 입힌 노출콘크리트는 제주 돌담이나 현무암의 거친 질감을
연상시키고, 둥글게 표현한 코너부는 마치 하나의 덩어리처럼 느껴진다.

가장 보통의 집을 위하여
제주 하가리 주택

HOUSE PLAN

대지위치 : 제주특별자치도 제주시 | **대지면적** : 704m2(212.96평) | **건물규모** : 지상 1층 | **거주인원** : 2명(부부) | **건축면적** : 56.62m2(17.13평) | **연면적** : 49.36m2(14.93평) | **건폐율** : 8.04% | **용적률** : 7.01% | **주차대수** : 1대 | **최고높이** : 5.14m | **구조** : 기초 – 철근콘크리트 매트기초 / 지상 – 경량목구조(외벽 2×6 구조목 + 내벽 S.P.F 구조목) / 지붕 – 2×10 구조목 | **단열재** : 그라스울 R-11 15", R-21 15", R-30 16", R-40 24", 비드법단열재 2종3호 100mm | **외부마감재** : 외벽 – 윙보더 타일 / 지붕 – 컬러강판 | **내부마감재** : 벽 – LG지인 벽지 / 바닥 – 한솔 강마루 / 천장 : LG지인 벽지, 미송루버 | **욕실 및 주방 타일** : 윤현상재 수입타일 | **수전 등 욕실기기** : 아메리칸스탠다드 | **주방가구** : 한샘 유로 | **조명** : 제주 평화조명, 수입조명 직구(akari A45, flos, Muuto 등) | **계단재·난간** : 애쉬판재 + 철제튜브 손스침 난간 | **현관문** : YKK 현관문 | **중문·방문** : 영림 3연동 도어 | **조경석** : 제주판석 | **담장재** : 제주 자연석 | **창호재** : KCC 시스템창호(복층 유리) | **철물하드웨어** : 심슨스트롱타이, 메가타이 | **에너지원** : LPG | **조경** : 향원조경 | **전기·기계** : 천일 ENC | **구조설계** : 현구조 엔지니어링 | **시공** : 테바건축 | **설계·감리** : 에이루트 건축사사무소 이창규, 강정윤, 양다은
www.arootarchitecture.com

어른이 되면 알게 된다. 평범하게 사는 게 가장 어렵다는 것을.
어쩌면 집도 그렇다. 겉보기에 무난해 보여도, 직접 겪어보면 '보통'이라는
말의 의미가 새삼 대단해진다.
나지막한 제주 풍경 속 자리한 단층집 한 채.
15평 면적에 부부의 삶을 꽉 채운, 작지만 알찬 집이다.

1 현관 앞에는 처마를 깊게 내어 비 오는 날에도 불편하지 않도록 했다.

2 측면에서 바라본 주택의 밤 풍경. 길게 낸 처마와 겹집 형태의 매스 디자인이 한눈에 들어온다.

두 사람의 따스한 인상을 닮은 어느 봄. 오래된 돌집을 직접 고쳐 살던 젊은 30대 부부는 집을 짓기로 결심했다. 대지는 제주 중간산 지역에 새로 생긴 넓은 도로 곁, 작은 골목을 따라 올라가면 만나게 되는 넓은 땅이었다. 200평이 넘는 대지임에도 가는 길이 좁아 정작 건축 가능한 면적은 15평 남짓. 하지만, 재택근무를 주로 하는 부부에게 큰 문제는 아니었다. 삶에 꼭 맞는 작은 집이면 충분했고, 다만 밝고 시원하면서도 무섭지 않은 집이었으면 했다.

넓은 땅에 지어질 작은 집이 너무 왜소해 보이지 않도록 계획하는 것이 관건이었다. 주택은 단순한 일자형의 매스 2개를 살짝 엇갈려 배치한 겹집의 형태로 방과 거실, 주방과 욕실 등 각각의 공간에서 만나는 크고 작은 마당을 만들었다. 집으로 들어오는 길에는 돌담을 쌓고 나무를 심어 고즈넉한 분위기의 진입로가 이어진다.

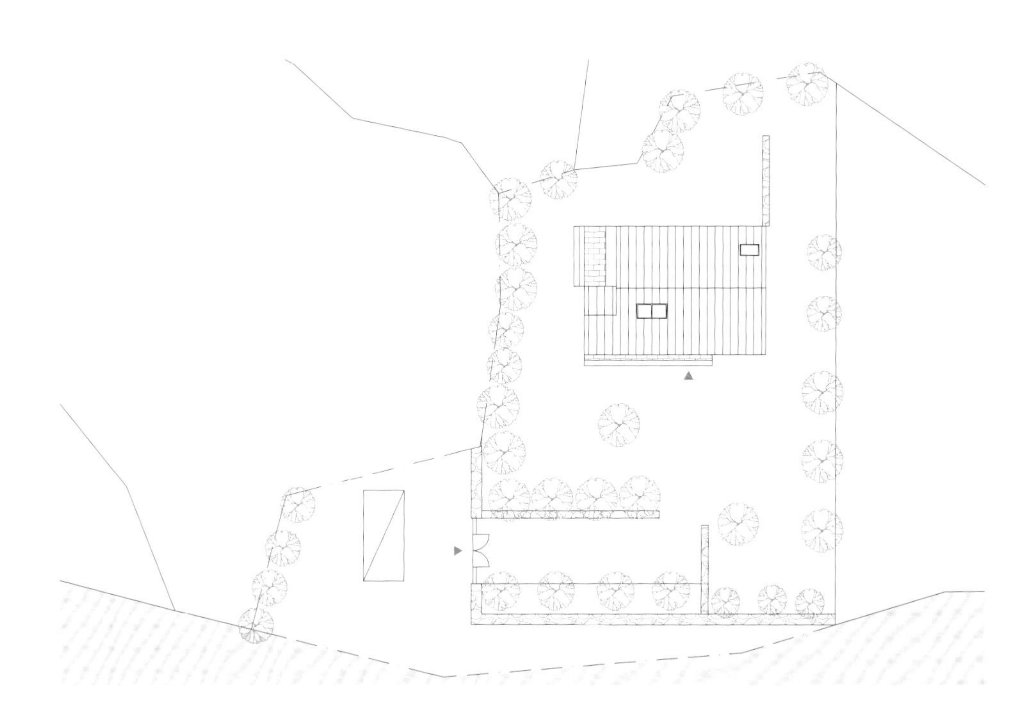

2

3 집 안으로 들어와 복도에서 바라본 주방의 모습.

4 주방과 연결된 거실은 마당을 향해 큰 창을 내었다. 앞마당과 진입 마당 사이 2개의 돌담이 있어 외부 시선에서도 자유롭다.

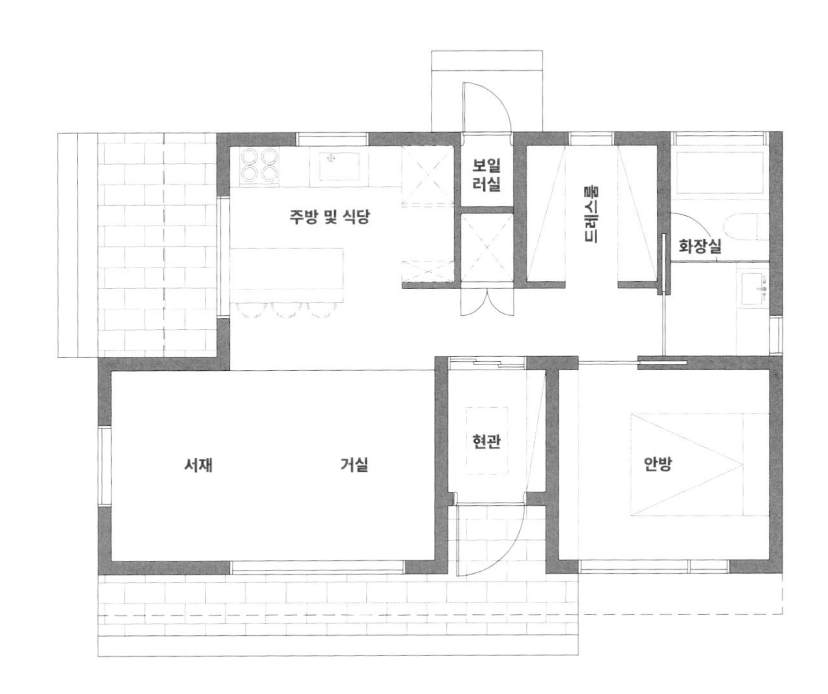

내부로 들어가면 거실과 주방을 하나의 볼륨으로 계획하고 천장과 바닥에 높이차를 주어 표면적이 넓어지도록 설계한 덕분에 답답함이 없다. 욕실에는 욕조 옆 바깥 풍경을 즐길 수 있는 환기창을 내고, 습도가 높은 제주 기후를 고려하여 사계절 내내 고른 빛이 들어오는 천창을 배치했다. 욕실 곁에는 넉넉한 수납의 드레스룸이 자리한다.
서울에서 집을 짓듯 제주에 집을 지었다가는 섬 지역 특유의 거친 풍토로 인해 몇 년만 지나도 하자가 발생하기 쉽다. 솜씨 좋은 인력을 구하기도 녹록지 않아, 섬세한 마감을 기대하기 어렵거나 비용이 많이 들게 된다. 하가리 주택은 보편적인 디테일과 유지관리를 고려하여 합리적이면서도 고유성을 지닌 집을 실현하기 위해 고심한 곳이다. 비와 바람이 많은 제주도 환경을 견딜 수 있도록 현관 앞 깊은 처마를 두었고, 외벽은 회색의 롱 타일로 마감해 오염에 대비했다. 내부도 보편적인 시공법인 몰딩과 걸레받이를 시공했는데, 천장에 사용한 미송루버를 지정한 사이즈에 맞게 켜서 사용해 따뜻한 느낌을 준다.

5 복도에서 바라본 욕실. 긴 복도를 따라 각 공간이 자리하고 가장 내밀한 곳에 욕실을 두었다.

6 거실 한편의 공간은 원래 서재로 계획됐으나, 지금은 안방과 용도를 바꾸어 침실로 사용한다.

7 주방은 단을 높여 거실과 공간을 분리했다. 바닥과 천장의 다양한 높낮이 차이가 단순한 공간에 재미를 준다.

6

7

시간을 머금어 무르익어가는 집

자신들의 삶이 오롯이 담긴 집이, 부부는 살수록 더 좋다. 코로나 상황에서는 온라인으로 업무를 보는 일이 더욱 많았었다. 그러자 집 안의 풍경도 처음과는 조금 달라졌다. 마당이 보이는 안방 창가에 테이블을 놓아 서재 겸 거실로 쓰고, 거실 한편에 침대를 두어 침실을 겸한다. 박공지붕의 선을 그대로 드러낸 거실 천장은 꽤 높아서 언젠가 다락을 만들어도 좋겠다 생각한다. 누군가의 시선을 개의치 않아도 되는 여러 개의 마당이 삶을 한층 더 풍요롭게 하고, 욕조에 앉아 가만히 햇볕을 맞는 시간이 호화롭다. 집을 짓지 않았다면 아마도 몰랐을 것들. 오늘도 내일도 집과 부부는 함께 시간을 머금어간다. **사진 • 이상훈(훅스미)**

8 계획과 달리 지금은 서재 겸 거실로 쓴다는 안방. 방은 아늑한 평천장으로 구성하여 거실, 주방과 다른 느낌을 준다.

9 욕실에는 욕조 옆과 천장에 창을 내어 제주의 자연을 만끽할 수 있다.

Better than good
제주 금등첨화

HOUSE PLAN

대지위치 : 제주특별자치도 제주시 | **대지면적** : 634m2(191.79평) | **건물규모** : 지상 1층 | **건축면적** : 160.91m2(48.68평) | **연면적** : 158.77m2 (48.03평) | **건폐율** : 25.38% | **용적률** : 25.04% | **주차대수** : 2대 | **외부마감재** : 벽 - 벽돌 타일 / 지붕 - 알루미늄 강판 | **내부마감재** : 화이트 수퍼화인 | **욕실·주방 타일** : 윤현상재 수입타일 | **수전·욕실기기** : 아메리칸스탠다드 | **주방 가구** : 제작가구 | **조명** : 조명 수입숍 | **현관문** : 알루미늄 시스템도어 | **방문** : 현장 제작(자작나무) | **붙박이장** : 현장 제작 | **조경** : 김보림조경 | **전기·기계·설비** : 유림이엔지 | **구조설계(내진)** : 허브구조 | **시공** : B-612 | **설계·감리** : 일상작업실 건축사사무소 www.instagram.com/ilsang_workroom

돌담 너머 숨겨진 집과 정원.
열대식물이 우거진 마당을 바라보고 있자면
어느새 마음엔 평화가 깃든다.

작은 민박집을 운영하던 가족의 두 번째 스테이. 금등첨화는 '좋은 일에 또 좋은 일이 더하여지다'라는 뜻의 '금상첨화(錦上添花)'에 스테이가 자리한 제주 서쪽 마을 '금등리'가 합쳐진 이름이다. 집에 딸린 별채를 민박으로 운영하며 새로운 사람을 만나고 인연을 이어가는 즐거움과 설렘을 경험했던 건축주는 나만의 감성이 녹아 있는 숙소를 만들리라 결심했다고. 그리하여 단순한 숙박의 의미를 넘어 한층 다양한 경험을 선사하는, 여행자를 위한 집이 탄생했다. "숙소에서 중요한 건 '새로움'이에요. 비일상적인 공간은 여행을 더욱 풍요롭게 만들어주죠."

1 남쪽에 배치되어 제주의 햇살을 가득 머금은 마당은 나만의 정원이자 편안한 휴식처가 되어 준다. 대지 모양을 따라 길게 이어진 집 안 어디서든 정원 풍경을 감상할 수 있다.

2 진입도로에서 만난 금등첨화의 모습. 단순한 선형의 건물이지만 곡면 부분의 특이성을 강조하기 위해 외관에는 질감과 줄눈의 요소가 도드라지는 벽면 타일을 적용했다.

길에서 만난 금등첨화는 담장 위로 완만한 경사의 박공지붕만 빼꼼 내다보이는 모습. 차량 진·출입이 많은 위치에 자리하고 있어 외부 시선에 노출이 많은 점을 고려한 건물 배치다. 비정형 대지를 따라 기다란 선형의 공간을 계획한 건물은 땅의 모서리를 만나 부드럽게 곡선으로 이어진다. 유연한 형태의 건물 너머 안쪽에는 제주를 가득 담은 이국적인 정원이 비밀스럽게 숨어 있다. 양끝에 두 개의 침실이 자리한 내부 공간은 방에서 연결된 실내 수영장, 피로를 말끔히 풀어줄 욕조, 밤이 되면 운치를 더하는 거실 등을 알차게 갖췄다. 현관문을 열고 안으로 들어서면, 맞은편 곡면유리 너머로 마당 풍경이 파노라마처럼 펼쳐진다. 제주의 아름다움을 고스란히 담아낸 프라이빗한 정원과 푸른 하늘을 바라보며 잠시나마 평화로운 시간을 누릴 수 있기를. 일상의 재충전을 위한, 나지막한 단층집이다. **사진 · 한얼**

인테리어는 화이트&우드를 기본으로 빈티지한 질감을 더하여 자연스러운 분위기를 살렸다.

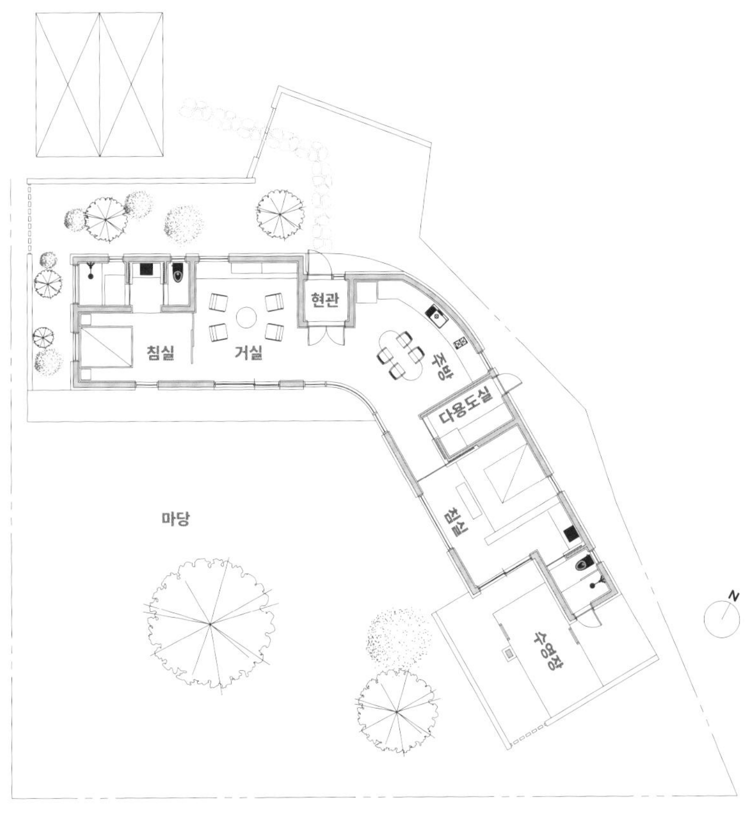

1F - 158.77M²

3 집의 중심인 주방에서 수영장을 향해 바라본 모습. 현관문을 열고 들어와 가장 먼저 마주하는 곡면 유리창은 이국적인 정원을 파노라마처럼 담아낸다.

4 윈도우 시트에 앉아 또 다른 정원을 바라보며 사색을 즐기기 좋은 거실.

5 화이트 톤으로 깔끔하고 단정하게 정리된 침실.

4

5

금등첨화의 포인트

프라이빗한 실내 수영장

침실, 마당에서 바로 연결되는 실내 온수풀은 날씨, 계절과 관계없이 프라이빗하게 물놀이를 즐기기에 제격이다. 침실의 파우더룸, 욕실과 이어지는 동선의 편의성도 놓치지 않았다.

정원을 곁에 둔 욕조

한쪽 침실의 욕실에는 그동안 쌓인 피로를 말끔히 풀어낼 수 있는 욕조를 마련해두었다. 따뜻한 물을 받아 몸을 담그면, 나지막한 높이에 낸 창 너머로 작은 정원 풍경이 보이는 곳.

휴식을 위한 야외 테이블

금등첨화의 정원을 충분히 누릴 수 있도록 한쪽에 'ㄱ'자 돌담과 벤치를 만들고 테이블을 두어 휴식 공간을 마련했다. 정원에 앉아 차를 마시며 책을 읽거나 바비큐 파티를 즐겨보기를.

한적한 마을에 어둠이 내리면 금등첨화는 따스한 빛으로 밤 풍경을 밝힌다. 곡선으로 휘어진 건물은 마당을 품으며 여행자에게 안락한 외부 공간을 선물해준다.

제주 북서쪽 작은 마을 금등리. 멀리 석양이 내려앉은 바다가 보이는 이곳에 여행자를 위한 숙소, 금등첨화가 있다. 넓게 펼쳐진 'ㅅ'자를 그리는 건물이 한눈에 들어온다.

85m² 국민주택 규모의 변신
판교 집 속의 집

HOUSE PLAN

대지위치 : 경기도 성남시 | **대지면적** : 264m2(79.86평) | **건물규모** : 지하 1층, 지상 1층 + 다락 | **건축면적** : 94.23m2(28.5평) | **연면적** : 215.99m2(65.33평) | **건폐율** : 35.7%(법정 50%) | **용적률** : 31.8%(법정 80%) | **구조** : 기초 - 철근콘크리트 매트기초 / 지상 - 경량목구조 | **주차** : 2대 | **최고높이** : 6.58m | **단열재** : 그라스울 R-21, R-32, 압출법단열재 50T, 크나우프 R38-HD 가등급(지붕 - 260T / 외벽 - 140T), 에너지세이버 38T | **외부마감재** : 점토벽돌(삼한C1), 컬러강판 | **창호재** : 이건 아키페이스 시스템창호 | **철물하드웨어** : 제작철물 | **에너지원** : 도시가스 | **조경석** : 현무암 판석, 온양석 | **조경** : 김장훈 정원사(자문), 그람디자인(설계) | **전기·기계·설비** : (주)성지이엔씨 | **구조설계(내진)** : 두항구조 | **시공** : 이든하임 | **설계** : 적정건축 OfAA 윤주연 **www.o4aa.com** + 스튜디오 인로코 건축사사무소

INTERIOR SOURCE

내부마감재 : 벽 - 종이벽지, 벤자민무어 친환경 도장 / 바닥 - 강마루 | **욕실 및 주방 타일** : 윤현상재 수입타일 | **수전 등 욕실기기** : 아메리칸스탠다드 | **붙박이장 및 주방 가구** : 제작(가인 허희영) | **조명** : 을지로 조명나라 | **계단재, 난간** : 오크 집성판 30T, 환봉 | **현관문·중문·방문** : 제작 도어

우리 집의 적당한 규모는 어느 정도일까?
거주인에 꼭 맞는 집짓기에 대한 화두를 담은 판교 택지지구 내
국민주택 1호를 소개한다.

과수원집 딸로 자라신 70대 어머니를 위한 집. 혼자 머무실 곳이라 그리 큰 실내 공간이 필요하지 않았다. 대신 집 안팎으로 꽃과 나무를 심고 가꾸며 시간을 보내는 분이기에 외부 공간과의 조화가 중요한 요소였다. 클라이언트인 아들 역시 "큰 규모의 주택은 관리와 사용이 효율적이지 않으니 아담하게, *국민주택 85m² 규모로 맞춰달라" 요청했다. 건축가는 국민주택의 규모를 유지하면서, 시니어 주택으로서의 공간적 가치를 실현하는 것을 과제로 삼았다. 무장애 설계, 안전한 핸드레일, 가구의 낮은 높이 등은 물론 앉을 자리와 수납공간까지 세심하게 신경 썼다. 한편으로는 동네가 훤히 보이는 골목길 끝에 놓일 집의 위치적 이점을 살려 자연적 감시 효과를 극대화하면서 동네 사랑방 역할을 하길 기대했다.

*국민주택 : 주거전용면적이 1호 또는 1세대당 85m² 이하인 주택(수도권을 제외한 도시지역이 아닌 읍 또는 면 지역은 1호 또는 1세대당 100m² 이하인 주택, 주택법 제2조)

1 작은 집 셋이 모여 하나의 큰 집을 만들었다. 외벽은 오렌지색 점토 벽돌로 감싸 세 덩어리를 하나로 엮어주며, 녹색의 자연과 명료한 대비를 이뤘다.

2 경사 조경을 따라가면 뒤로 물러난 현관이 보인다. 내·외부 동선이 자연스럽게 연결되는 지점이다.

1

DIAGRAM

1 – 대지에 앉힌 집 속의 집

2 – 자연을 집 내·외부와 연결

3 – 조경에서 중정까지 이어진 선룸이 공간을 분리

4 – 서로 다른 성격을 가진 세 가지 집

5 – 지붕과 재료의 통일로 한 지붕 안의 세 집으로 연결

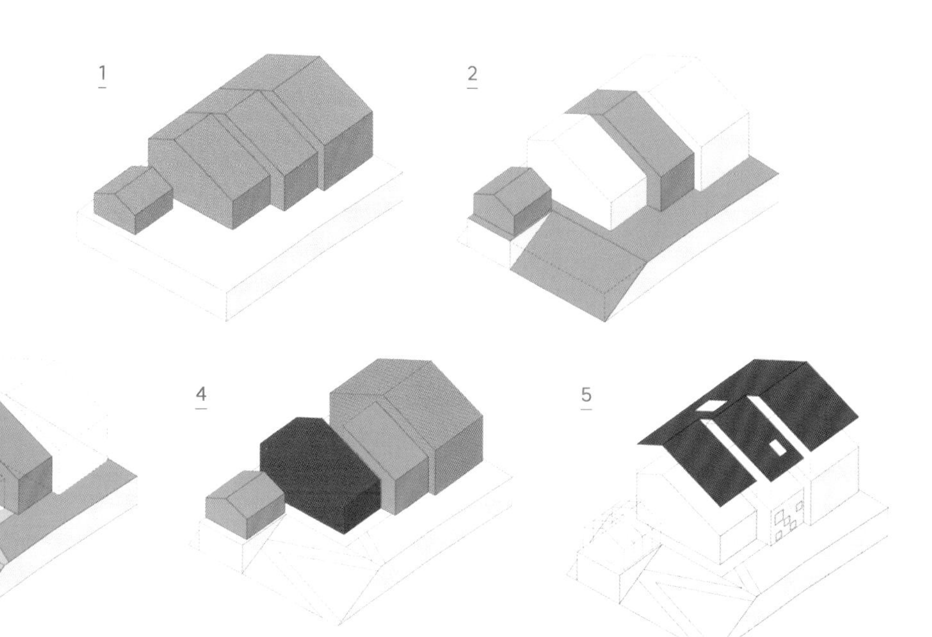

2

3 삼면에 둘러싸여 아늑한 중정

4 선룸은 현관이면서 다목적 공간이다. 겨울에 고구마를 구워 먹을 수 있는 벽난로와 여름에 편히 누울 수 있는 마루가 있다. 여러 개의 창과 천창, 외부 재료를 연속한 덕분에 내부면서도 외부 같은 느낌을 살렸다.

5 첫 번째로 맞이하는 공간인 중간집. 중정과 연결돼 빛과 자연이 쏟아져 들어온다. 위로는 다락과 이어져 오밀조밀하면서도 시원한 공간감이 있다.

5

85m², 마법의 숫자

클라이언트가 국민주택 규모를 요구한 데에는 절세의 목적도 있었다. 국민주택 규모 이하의 주택을 장기임대주택으로 지자체와 국세청에 등록하고, 8년 이상 임대료를 정해진 비율 이하로 인상하면서 임대를 유지하면 양도소득세 등 세금 감면 혜택이 있다. 또한, 설계와 시공의 부가세 10%도 면제가 가능하다(조세특례제한법 제 106조). 85m²(25.7평)는 아파트 평면에 익숙한 한국인들에게 가장 직관적으로 다가오는 면적의 기준이다. 여기에 발코니 확장과 단독주택에서 가능한 다락 및 지하층 등을 더하면 여유롭지는 않아도 충분한 크기의 방들을 계획할 수 있다. 이 집은 1인 건축주이기에 4인 가족에게 필요한 방들 대신 벽난로가 있는 널찍한 현관, 윈도 시트를 놓은 드레스룸, 미니풀과 히노끼탕 등 거주자에게 꼭 맞은 공간을 둘 수 있었다.

6 '리빙-다이닝-키친'을 일자로 배치하는 LDK는 공간을 효율적으로 쓸 수 있지만, 살림살이가 지저분하게 노출될 염려가 있다. 이는 보조주방과 세탁실(팬트리) 등 위생 시설을 한데 모아 해결했다.

7 큰집의 거실은 매스 모양을 살려 층고가 높은 대신 주방 위에 다락을 두어 공간을 활용한다.

8 복도와 다이닝이 중정으로 열려 있어 외부에서 식사를 할 수 있다. 작은집과 큰집을 지나가면서 밖을 내다보는 전환 효과도 있다.

9 다락으로 올라가는 계단 옆 좌식 수납공간 등 시니어 주택에 꼭 필요한 부분도 놓치지 않았다.

판교 집 속의 집의 포인트

매스 높이차로 만든 고측창

매스 사이의 틈으로 다락 채광이 자연스럽게 해결되었다. 현관과는 공간적으로 연결되는 등 막힘과 열림을 적절히 조절하였다.

폴딩도어 안에 숨긴 세탁실

세탁기, 빨래 싱크, 냉장고 등이 빼곡하지만 폴딩도어를 닫으면 깔끔하게 정리된다. 도어는 빈티지 무늬목으로 포인트 삼았다.

보이드를 활용한 중정

중정은 완전한 외부 공간이다. 1.2m 길이의 중정 지붕은 건폐율과 용적율에는 자유롭고 프레임을 만들며 실내 채광에 효과적이다.

7

8

9

SECTIONS

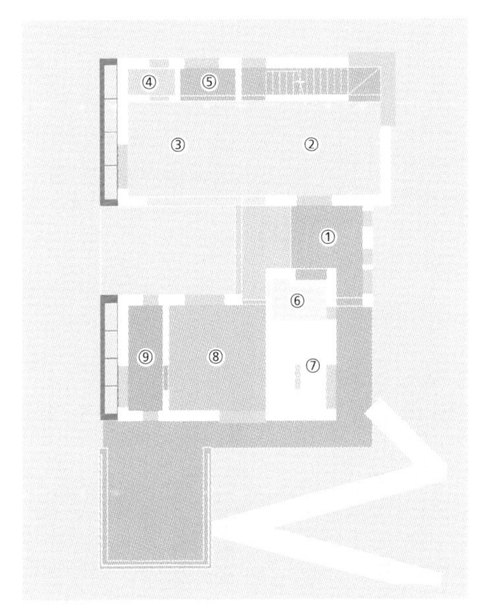

1F - 83.96M²

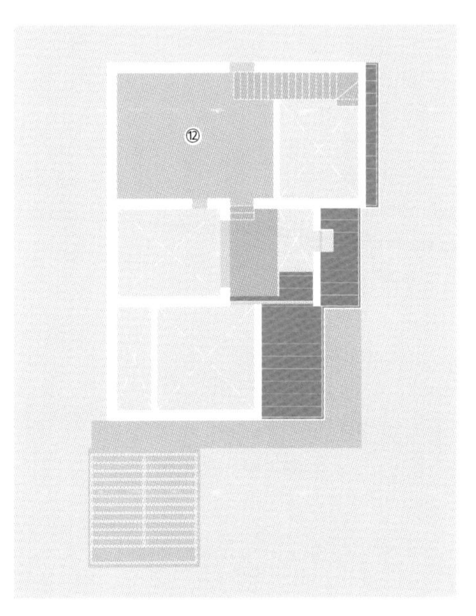

ATTIC - 56.6M²

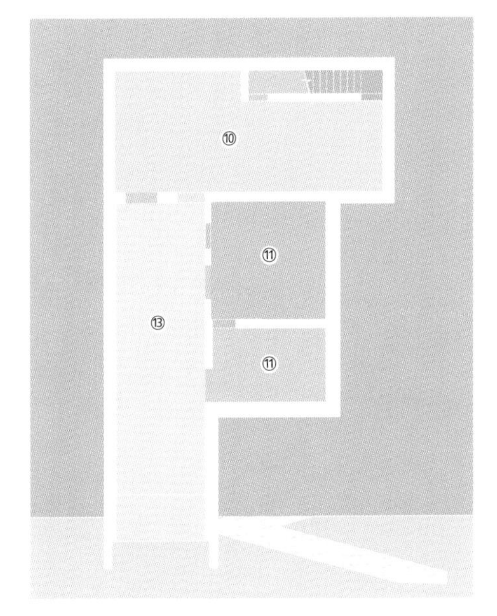

B1F - 132.03M²

PLAN

①현관 ②거실 ③주방 ④보조주방 ⑤팬트리 ⑥욕실 ⑦테라피풀 ⑧침실 ⑨드레스룸 ⑩가족실 ⑪창고 ⑫다락 ⑬주차장

10 경사지 조경은 산책 동선을 최대한 자연스럽고 길게 유지할 수 있는 장치이다. 장바구니 카트를 끌기도 좋다.

11 '작은집'에는 어머니만을 위한 1×3(m) 크기 테라피 풀과 히노끼탕이 있다. 작지만 물의 저항을 이기며 걷기 운동이 가능해 건강을 유지할 수 있는 맞춤 공간이다.

12 어머니 방은 드레스룸과 커다란 윈도 시트를 곁에 두어 사적인 공간을 올망졸망 쓸모 있고 보기 좋게 만들었다.

용도에 따라 세 개의 켜로 나눈 집 속의 집

3가구까지 임대 세대를 두기도 하는 택지지구 집들은 건폐율과 용적률을 꽉 채우기 위해 육중한 매스를 도로 끝선까지 세우기도 한다. 단일 층의 면적이 그리 넓지 않은 이 집은 원하는 공간을 넣으면서도 대지의 가능성을 살리기 위해 '집 속의 집'이라는 콘셉트를 차용해 여유 있는 내·외부를 구성했다. 사적인 공간인 침실 및 욕실과 공적인 공간인 LDK(거실·식당·주방)를 작은집·큰집으로 분리하고 그사이에 중간 크기의 집을 넣어 반은 외부 중정으로, 반은 선룸으로 배치했다. 선룸은 경사지 조경과 연결돼 자연스러운 진입을 유도하는 현관이자 다목적 공간으로 자리매김한다. 중정은 국민주택의 규모를 지키면서도 집을 왜소하게 보이지 않게 하는 효과를 낸다. 덕분에 집안 어디서든 양쪽으로 자연과 연결되어 있다는 느낌을 준다. 작지만, 작지 않은 규모로 부족함 없이 충분한 집. 지그재그 경사와 세 개의 지붕선이 골목의 소실점 역할을 하며 오늘도 따스히 동네를 비춘다.

사진 · 이원석

10

11

12

조경가의 집
화순별장

HOUSE PLAN

대지위치 : 전라남도 화순군 | **대지면적** : 384m2(116.16평) | **건물규모** : 지상 1층 | **거주인원** : 2명(부부) | **건축면적** : 142.6m2(43.13평) | **연면적** : 93.96m2(28.42평) | **건폐율** : 37.14%(법정 40% 이하) | **용적률** : 24.47%(법정 100% 이하) | **주차대수** : 1대 | **최고높이** : 3.8m | **구조** : 기초 - 철근콘크리트 매트기초 / 지상 - 철근콘크리트 | **단열재** : 비드법단열재 2종1호 100㎜, 200㎜, 압출법단열재 특호 140㎜ | **외부마감재** : 외벽 - 노출콘크리트 / 지붕 - 컬러강판 | **창호재** : 윈센 알루미늄 창호 | **에너지원** : 기름보일러 | **내부마감재** : 벽 - 기린벽지 / 바닥 - HS세라믹(celian gris) | **욕실·주방 타일** : HS세라믹(celian gris) | **수전·욕실기기** : 아메리칸스탠다드, HS세라믹 | **주방 가구** : 픽리드 홈바의자 | **거실 가구** : 조위브라운지체어(르위켄) | **조명** : 필립스 다운라이트, 제작 펜던트등 | **현관문** : 윈센 알루미늄 도어 | **방문** : 제작 목문 | **시공** : 반도건설 | **설계·감리** : 플라노 건축사사무소 www.plano.kr

정원을 만들며, 꽃을 엮으며 행복을 선사해왔던 부부.
이제는 자신의 정원을 찾아 고향으로 돌아와
풍경을 가득 담은 집을 지었다.

1 때때로 새벽에 멀리 호수에서 피어나는 물안개가 집에서 만나는 풍경에 운치를 더한다.

2 위에서 내려다 본 주택.

3 동측과 서측에 세운 콘크리트 주택의 개방된 분위기를 해치지 않으면서 조심스레 프라이버시를 확보하는 기능을 가졌다.

어린 시절에 마을을 떠나 도시에서 일에 치여 살다 일에서 즐거움을 찾고자 조경에 발을 내디뎠던 조경가 박병철 씨는 25년 활동의 마무리로, 이제 고향에서 나무를 심는다. 그런 그가 동네에 마음을 붙들고 지어 올린 작은 집. 조경의 힘이라기보다 고향의 풍경을 빌렸을 뿐이라는 그와 남편을 따라 종종 들른다는 아내이자 플로리스트 이분 씨의 집 이야기를 들었다.

마을에서부터 고즈넉함이 느껴진다

박병철(이하 박) : 여기는 350년 전부터 사람들이 모여 살기 시작해 마을을 이룬 지역이다. 옛날이나 지금이나 비슷한 풍광에서 살아간다. 여기에서 태어나 초등학교 다닐 때까지 살았다. 나가서 산 기간이 더 길었지만, 어렸을 때의 기억은 무시하지 못하는 것 같다. 내가 어렸을 때 새댁이던 뒷집 아주머니는 어느새 손주를 둔 할머니가 되셨다. 그만큼의 시간이 지나 돌아왔다.

왜 지금, 여기에 집을 지었나

박 : 아이들 둘 결혼시키고 나이 육십이 되었을 때, 조경가라는 일 이후에는 나무를 키우며 살고 싶다고 생각했다. 화순과 서울을 오가며 7년을 준비했다. 서둘러 집을

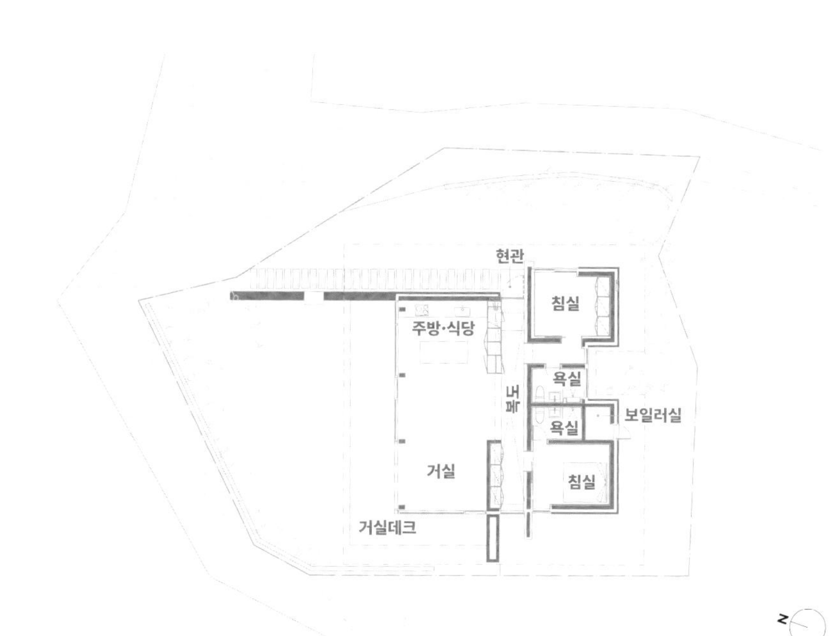

2

3

4

5

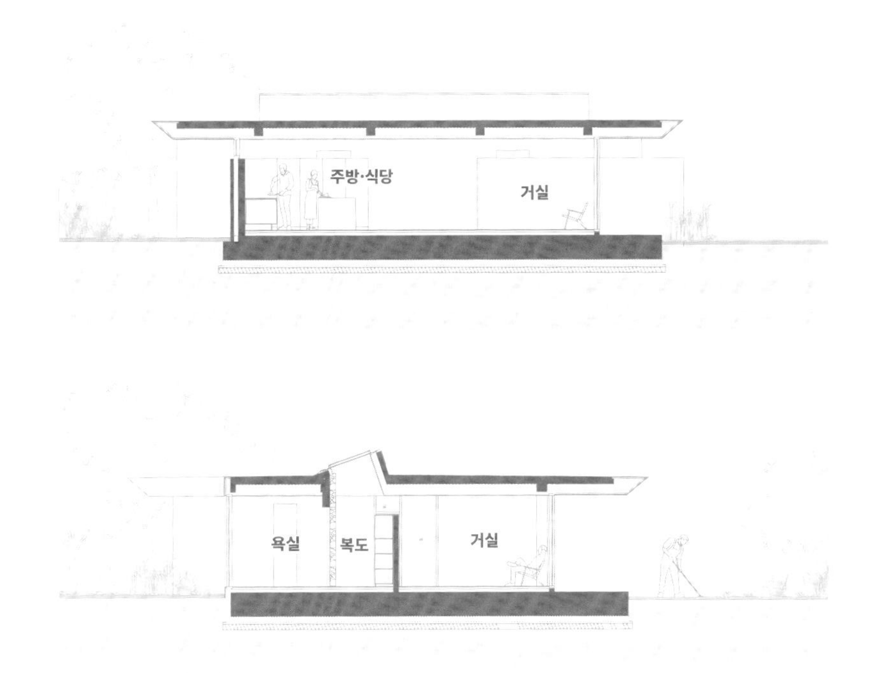

4·5 동측과 서측에 세운 콘크리트 주택의 개방된 분위기를 해치지 않으면서 조심스레 프라이버시를 확보하는 기능을 가졌다.

짓기보다는 먼저 아버지의 옛집에 머물며 매년 계획한 조경수 농사를 짓고 지속 가능한 수익을 내며 땅을 익혔다. 그러다 이 자리가 매물로 나왔다. 그리고 작년에 새집을 짓기 시작했다.

아내로서는 집짓기를 어떻게 보았나

이분(이하 이) : 사실 이번 집은 가족의 주생활 공간보다는 남편에게 조금 더 활용도가 높은 주말주택이자 농막의 성격이다. 그래서 화순'별장'이라 부르기도 하고, 나도 서울에서 꽃꽂이 등 대외 활동을 이어가고 있어 자주 들르긴 어렵다. 주택의 전반적인 콘셉트도 남편의 의중을 많이 따라갔다. 하지만 올 때마다 이곳의 자연에서 재충전하며 작품에 필요한 영감을 얻곤 한다. 처음에는 반대도 했지만, 이젠 나도 이 공간의 매력을 알아가는 중이다.

집 안에 쌓은 듯한 돌벽이 있는데

박 : 돌벽은 이 집에서 가장 중요하게 여기는 부분 중 하나다. 아들인 건축가에게 이 집의 주요 테마로 '소통할 수 있는 집'을 요구했고, 이는 그 대답 중 하나다. 이 돌은 부모님이 우리를 키우며 일궈낸 밭에서 나온 돌로, 그 자체로 부모님의 노고와 가족의 역사를 상징한다. 이 벽을 보며 과거와 소통하고 또 명상하곤 한다.

이 : 처음 개념으로는 온전히 공감하기는 어려운 요소였지만, 완성되고 실제로 마주하니 그 감정이 밀려들어 신기했다.

그 외에 어떤 식으로 이 집에 '소통'을 구현했나

박 : 집 안과 밖에, 마을과 집 사이에 가로막는 것을 만들고 싶지 않았다. 거실은 기둥을

6

7

빼고는 벽을 없애 마을의 풍경이 만드는 경관을 그대로 집 안에 들이고자 했다. 침실과 욕실에도 큰 창을 내고 정원을 들였다. 내부에 불필요한 공간의 구별을 많이 두고 싶지 않았다. 건축가의 과감한 실험을 적극적으로 지지했는데, 생각보다 재미난 구조가 나와서 흡족했다.

북향으로 알고 있는데, 집이 전혀 어둡지 않다

박 : 천창이 큰 역할을 했다. 북향이어서 채광이 부족할 수 있었는데, 이를 극복하면서 돌벽이 있는 복도에서의 극적인 경험을 선사했다. 비가 오면 비가 떨어지는 모습을, 밤이 되면 별을 즐긴다. 천창에서 쏟아지는 햇빛이 돌벽의 자연석과 만나 불규칙하고 우연한 그림자들을 만들기도 한다. 보기엔 현대적이지만, 어느 집보다도 '자연'이 풍성한 집이다.

디테일이라고 하면

이 : 예를 들면 우선 싱크대. 겉보기에는 다른 주방과 크게 달라 보이지 않지만, 싱크볼이나 인덕션의 화구가 일반적인 주방보다 벽과 약간 더 여유 있게 간격을 줬다. 조금의 차이지만, 살아보니 이게 음식물이나 물기가 벽에 튀는 경우를 상당히 줄여줬다. 그래서 노출 콘크리트의 거친 물성에도 오염이 적다. 상부장이 없지만, 제작 가구의 수납 효율을 신경 써서 겉으로 드러나기 쉬운 냉장고, 에어컨, 세탁기까지 주방 가구나 가전을 모두 이 안으로 수납했다. 아일랜드도 따로 식탁을 둘 필요가 없게끔 널찍하게 잡았다. 그래서 가끔 여기에서 꽃꽂이 작업을 하거나 요리를 해도 좁아서 불편한 적은 없었다. 곱씹어볼수록 오랜 세월 함께 해오며 가족으로서 관찰해왔을 터인 건축가의 배려가 느껴졌다.

또 어떤 점에서 배려를 느끼나

박 : 한옥을 연상케 하는 긴 처마는 바깥 일을 돌보면서도 쉼의 공간으로 활용하기에 좋고, 비 오는 날에도 어느 정도 외부 소통이 가능하다. 길고 깊은 처마를 확보하면서도 건축적으로 더 복잡해지지 않기 위해 최적의 깊이를 찾는 과정이 쉽지 않았다고 들었다.

이 : 도로변으로 난 긴 벽은 애초 주문한 개방감은 충실히 확보하면서도 남편이 놓쳤던 기본적인 사적인 공간의 경계를 잡아준 것 같다. 처음 설계를 봤을 때 너무 노출되는 것 아닌가 걱정했는데, 실제로 거실에 서 보니 저 열린 벽이 주는 안정감이 꽤 컸다.

조경가의 집인데 정원이 담백하다

박 : 조경 일을 적잖게 해오면서 그간 문제라고 생각해왔던 것 중 하나가

'과잉'이었다. 어디에서나 볼 수 있는 나무를 너무 많이들 심곤 했다. 이 집에서는 경치를 빌린다(借景)는 의미의 '차경' 개념을 적용했다. 매일 변하는 마을과 자연에 주인공 자리를 양보하고, 직접 키운 수목들로 그 사이 빈틈과 디테일을 채워주기만 했다.

다른 건축주에게 조언하는 주택 정원 관리 팁이 있다면

박 : 작년 이 집이 한창 공사 중일 때 비가 너무 오래, 많이 내려 무척 고생했다. 정원도 마찬가지다. 갈수록 기후변화로 인해 더 따뜻해지고 비도 잦거나 많아짐을 느낀다. 식물도 과습하면 뿌리가 썩어 죽는다. 나무를 공급하는 조경가들로부터 고사율이 많이 늘어 힘들다는 얘길 듣곤 한다. 건조하면 물을 주면 되지만, 과습은 사실 큰 대책이 없다. 정원을 조성할 때부터 유공관을 시공하거나 토질을 조절해 물 빠짐을 좋게 하는 것이 좋다. 사진 • 변종석

6 욕실은 병철 씨의 주문으로 큰 창을 냈다. 과감했지만, 적절한 식재로 시선을 차단해 큰 문제는 없다고. 노각나무, 제주산수국 등을 심었다.

7 전지 작업 중인 병철 씨. 뒤에 선 키 큰 나무는 병철 씨가 1985년 조경 일을 시작하며 아버님 댁에 심었던 10주의 단풍나무 묘목 중 하나를 이식해 온 것이라고.

8 식탁을 겸하는 아일랜드에서 한창 작업 중인 아내 이분 씨. 키 큰 수납장에는 시멘트를 붙여 만든 보드를 활용해 색감뿐 아니라 질감까지 노출 콘크리트에 맞췄다.

8

9 복도와 돌벽. 북향임에도 천창으로 쏟아지는 오후의 볕으로 집 안이 밝다.

10 욕실은 병철 씨의 주문으로 큰 창을 냈다. 과감했지만, 적절한 식재로 시선을 차단해 큰 문제는 없다고. 노각나무, 제주산수국 등을 심었다.

11 취침에 필요한 최소한의 것만 둔 침실. 마찬가지로 큰 창으로 풍경을 들인다.

12 거실에서 보는 돌벽. 빛과의 조화로 경건함까지 느끼게 한다.

10
11

12

마이 구미 MY GUMI
나의 고향, 나의 집

HOUSE PLAN

대지위치 : 경상북도 구미시 | **대지면적** : 654m2(197.83평) | **건물규모** : 지하 1층, 지상 1층 + 다락 | **건축면적** : 130.36m2(39.43평) | **연면적** : 324.71m2(98.22평) | **건폐율** : 19.6% | **용적률** : 19.6% | **구조** : 기초, 지상 - 철근콘크리트 | **최고높이** : 6m | **주차** : 2대 | **단열재** : 비드법단열재 2종3호 150mm | **외부마감재** : THK30 현무암 석재, 외단열시스템 | **창호** : 이건창호 185mm AL/PVC 이중창호, 이건창호 70mm PVC | **에너지원** : 도시가스, 태양광 | **구조설계** : 터구조 | **기계·전기설계** : 주식회사 피씨엠 | **시공** : (주)일성건설 | **설계** : 폴리머건축사사무소 임현주 www.polymur.com

INTERIOR SOURCE

내부마감재 : 석고보드 위 수성페인트, 벽지, 원목마루 | **욕실 및 주방 타일** : 윤현상재 수입타일 | **수전 등 욕실기기** : 아메리칸스탠다드, 대림바스 | **주방 가구 및 붙박이장** : GND style | **조명** : 초이스 조명, 퓨즈라이팅 | **현관문** : 제작 도어 | **중문** : 대성 3연동 도어 | **데크재** : 방킬라이 19mm

건축가인 딸이 부모님을 위한 집을 고향 땅에 쌓아 올렸다.
웅장하기보단 두 분이 꿈꿔온 소소한 행복을 담은 단층집이다.

경북 구미는 설계사무소에서 일하기 위해 서울로 오기 전까지 26년 동안 떠나지 않았던 내 고향이다. 4년간 밤낮으로 쉬지 않고 일을 했지만, 지친 심신을 이끌고 구미로 왔던 건, 우선 좀 푹 쉬고 싶은 마음이 제일 컸다. 무엇보다 부모님께서 노후에 사실 주택을 짓겠다고 하시는데 어떻게든 도움을 드리고 싶기도 했다. 한편으로는 주택 설계의 어려움을 알기에 피해보고도 싶었지만, 그동안 길러주신 두 분의 노고와 은혜를 생각해서라도 그럴 순 없었다. 갈고 닦았던 사무소에서의 경험을 살려 설계와 감리까지 해드리기로 마음먹고 내려온 것이었다.
대지는 구미 시내에 위치한 산 중턱의 자연녹지지역에 있다. 부모님께서는 택지 조성이 끝나자마자 주변이 탁 트여 있고 이웃들이 없는 상태에서 땅을 구입하셨다. 그러나 프라이버시에 대한 문제는 전혀 예상하지 못 하신 듯했다. 언제든 문 하나만 열고 나가면 마당을 밟을 수 있는 그야말로 '전원 속의 내 집'의 모습만 상상하셨고, 마당이 있는 집에 작은 아궁이 방을 만들어 친구들을 초대할 수 있길 원하셨다. 또한, 가까운 뒷산에 약수도 자주 뜨러 다니고 멀리 있는 금오산도 집에서 항상 바라볼 수 있으면 하셨다. 이런 꿈을 갖는 두 분의 마음은 십분 이해할 수 있었지만, 오랫동안 살아서 답답해하기만 했지 아파트의 편리한 점들을 너무 당연히만 생각하고 있으신 게 문제였다. 비가 내려도 편리하게 차를 뺄 수 있는 지하 주차장이나 프라이버시, 단열과 방범 등등 아파트에선 지극히 기본적인 것들이 전원주택에서는 신경 써서 계획해야 얻을 수 있다는 것을 잘 모르셨다.

1 정방형 평면에 외부 벽을 두르고 각 코너마다 네 개의 뜰을 두었다. 이는 주택에서의 프라이버시를 지키고 개방성을 위해 도입한 것이다.

2 거실 앞 데크 마당은 외부 마당과 시선은 열어두되, 영역을 구분하여 바비큐 파티 등 실용적으로 활용할 수 있다.

3 대지의 레벨 차를 이용하여 도로에서 바로 진입할 수 있는 지하 주차장

4 'V'로 보이는 뜰은 안방과 지하까지 뚫린 썬큰에 빛을 들인다.

프라이버시 문제만 해도 두 분이 원하는 주택에는 낮은 담과 잔디밭 정원, 큰 창문들이 있어야 했는데, 비슷한 꿈을 갖고 주변에 이미 집을 짓고 살고 계신 이웃들이 결국 블라인드를 짙게 내리고 외부의 시선을 차단하며 살 수밖에 없는 엄밀한 현실을 인지하지 못하신 것이다. 결국 마당과 뒷산을 즐길 수 있으면서도 프라이버시도 보호받을 수 있는, 즉 두 마리의 토끼를 동시에 잡을 수 있는 설계안을 내는 것이 중요했다. 고민 끝에 외벽을 연장하여 집 주변에 작은 뜰을 배치해 외부 시선을 차단할 방법을 모색했다. 그리곤 담장과 입면을 통합하는 아이디어가 나왔다. 이는 방들은 식당을 중심으로 십자형으로 배치하고, 각 모서리에 네 개의 뜰을 두는 '田-정방형' 형태가 된다. 결론적으로 구미 집에는 두 종류의 마당이 존재한다. 하나는 널찍한 앞마당이고 또 다른 하나는 그 사이에 있는 작은 마당들이다. 십자형 평면의 코너를 차지하는 네 개의 작은 뜰은 주변 시선을 차단해줄 뿐만 아니라 각 방의 창문과 마당 사이에 버퍼(Buffer) 공간이 되어 집을 더욱 편안하고 아늑하게 해주는 효과를 내었다.

5 안방 앞 썬큰에는 자작나무를 심어 아늑한 공간으로 조성했다.

6 다용도실로 연계된 데크 마당과 데크로 들어가는 입구. 이 데크 마당은 주택 살림을 위한 외부 공간으로 마련했다.

7 지하는 추후 예산이 확보되면 황토방 등을 설치할 계획으로 최소한으로 마감했다.

입구에서 바라본 식당과 주방. 집의 가장 중심이 되는 공간으로, 높은 층고와 다른 각도의 경사 천장이 눈길을 끈다.
동측 작은 창들은 주방으로 들어오는 아침의 채광을 조절하고, 한쪽 벽엔 수납장을 제작해 깔끔한 공간이 되도록 배려했다.

ATTIC - 40m²

1F - 128.28m²

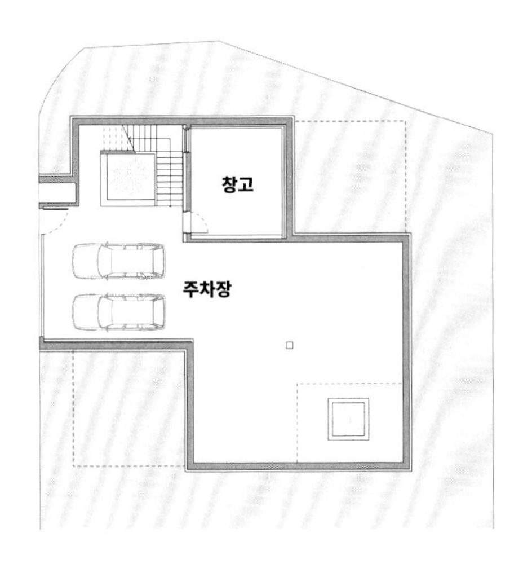

B1F - 156.43m²

한편 계획 초기 부모님은 출가한 자녀들이 가끔 와서 지낼 수 있도록 2층 규모의 주택을 원한다는 뜻을 내비치셨다. 하지만 내 생각은 달랐다. 한정적인 예산과 제한된 규모를 생각해 단층으로 오롯이 부모님 중심의 공간을 제안하는 것이 옳은 선택이란 판단이 들었다. 자연녹지지역인 대지에 건폐율 20%를 적용하면 200평 대지에 건평 30평대 규모로 한 층 면적이 상당히 작다. 따라서 집 전체를 부모님을 위한 곳으로 계획하였다. 그리고 부모님이 바라시던 아궁이 방과 게스트룸은 대지와 도로의 레벨 차로 만들어진 지하 공간에 자리만 확보하되, 최종 마감은 예산이 확보된 미래에 하는 것으로 최종 설득하였다. 결국 1층에 두 분이 가장 오랜 시간을 보낼 거실과 주방의 면적을 최대한 확보하면서 층고를 높였다. 특히 거실과 식당, 주방으로 이어지는 중앙에서 다른 각도로 만나는 경사 천장을 노출함으로써 실제 면적보다 훨씬 더 커 보일 정도로 공간감을 향상시킬 수 있었다.
고향에서 부모님의 집을 설계하고 짓는 과정을 지켜보는 일은 꽤 낭만적이었지만, 한편으론 그만큼 스트레스도 많았다. 처음 집을 짓는 부모님과 시공 과정에서 벌어지는 각종 문제를 일일이 상의하고 결정하는 것도 무척 어려운 일이었다. 특히 마무리가 늦어져 이사 날짜를 조정해야 하는 상황에서는 입술이 바짝바짝 마르기도 했다. 그래도 이젠 잘 마무리되어 내가 설계한 집에서 두 분이 행복하게 사시는 모습을 보면 무한의 뿌듯함과 보람을 느낀다. 무엇보다 '마이구미'를 통해 배운 가장 중요한 것은 건축주로서 '집이 되어가는 과정'을 경험한 일이라 생각한다. 독특한 디자인의 건물을 성심성의껏 큰 하자 없이 시공해주신 시공사 사장님과 현장 소장님, 그리고 이번 기회를 빌려 선뜻 딸에게 설계를 맡기신 부모님께 감사의 말씀을 드리고 싶다.

글 · 임현주 / 사진 · 신경섭

8 현관과 침실 상부에는 창고와 다락방을 배치하여 공간의 활용도를 높였다.

9 다락에서 내려다보면 주방과 현관, 거실이 한눈에 들어온다.

8

9

건물의 입면과 담의 역할을 통합하여 외부 공간과 집 사이에 중간 영역을 형성했다.

부모님을 위해 지은
점촌 기와올린집

HOUSE PLAN

대지위치 : 경상북도 문경시 | **대지면적** : 513m2(187.55평) | **건물규모** : 지상 1층 + 다락 | **건축면적** : 99.46m2(30.09평) | **연면적** : 99.46m2(30.09평) | **건폐율** : 19.39% | **용적률** : 19.39% | **구조** : 철근콘크리트 매트기초 / 지상 – 경량목구조 | **주차** : 2대 | **단열재** : 그라스울(크나우프 에코배트 R23, RSI-6.5) | **외부마감재** : 벽 – STO 외단열시스템, 비소성 흙벽돌 / 지붕 – 유약기와 | **창호재** : 필로브 39mm 삼중로이 알루미늄 시스템창호 | **내부마감재** : 벽 – 석고보드 위 친환경 페인트 / 바닥 – 풍산 합판마루 | **에너지원** : 기름보일러 | **수전 및 욕실기기** : 대림바스 | **붙박이장·방문** : 무늬목 마감 제작 | **구조설계** : 케빈김 | **시공** : 플러스 건축인테리어 | **설계담당** : 김효영건축사사무소(강민수·이소정·김예림) | **설계** : 정희철, 심형선, 김효영건축사사무소(김효영) www.khyarchitects.com

옛 시절 번듯한 집의 표상이었던 기와지붕과 현대의 삶을 반영하는 아파트 평면. 이 둘의 생경한 조합이 만들어낸 정겹고도 개성 넘치는 집 한 채를 만났다.

철길 건너 들어선 마을 초입, 멀리 주택의 모습이 어렴풋이 시야에 들어온다. 팔작지붕을 얹은 집은 대지 남쪽으로 논밭이 있고, 북쪽으로는 나무가 무성한 나지막한 언덕을 배경 삼아 점잖게 서 있다. 보는 각도에 따라 다양한 얼굴을 보여주는 이 주택은 60대 부부의 집이다. 아주 오래전부터 경북 문경 점촌에 살아온 부부는 짧은 아파트 생활을 마치고 전원으로 돌아가고 싶어 했고, 장성한 아들은 그런 부모님의 집을 고향 땅에 지어드리고자 했다. 어릴 적부터 이곳 농촌 마을에 살아온 부부의 마음속에는 처마 있는 기와집에 대한 추억이 자연스레 자리 잡았다. 둘이 살기에 집의 크기는 30평 정도면 아주 넉넉했고, 그렇게 기와 올린 단층집이 탄생했다. 완성된 집은 숱한 세월을 지나온 두 사람의 삶을 그대로 비춘다.

1 어둠이 내리자 주택은 언덕 아래 불을 밝히며 존재감을 드러낸다.

2 작은 창고 등을 둘 요량으로 만든 뒷마당. 처마에 닿을 듯한 식당 건물은 높은 굴뚝을 만들고 옥상에 장독대를 두었다.

기와지붕은 이 집의 출발점이자 상징. 하지만, 주택을 구상하던 초반에는 오히려 전형적인 30평 아파트 평면 구성을 벗어나지 못하도록 발목을 잡았다. 과거에 대한 향수, 집에 대한 취향은 그것대로 가슴에 간직한 채 몸은 편의와 기능 중심의 주거환경에 익숙해져버린 탓이었다. 설계를 맡았던 김효영 소장은 "한편으로는 빠르게 변화하는 시대를 버티며 살아낸 부모님 세대의 모습인 것 같아 그 어색함이 애틋하게 느껴졌다"며 집짓기 과정의 감회를 전한다. 경량목구조 주택이지만, 외부에 서까래를 노출해 처마의 느낌을 살리고 짙은 적색의 유약기와가 어우러져 전통 한옥의 분위기를 물씬 풍긴다. 외벽 재료는 흰색 스터코와 흙벽돌로 이루어진다.

3 처마에 닿을 듯한 높이로 덧붙인 둥근 담과 첫 번째 방 매스가 옛 기와집의 정형성을 덜어내고 개성을 불어넣는다.

기와집의 정석을 보여주는 지붕과 대비되도록 비틀고 덧댄 평면의 불규칙성 덕분에 집은 방향마다 완전히 다른 장면을 선사하는 입체적인 모습이 됐다. 옛 주택의 모습을 답습하기보다 현대미를 더해 개성을 살린 집이다. 정다운 흙길을 걸어 집으로 들어오며 만나는 현관문은 양쪽 벽돌 덩어리 사이에 끼어 있는 듯 보이기도 한다. 처마 아래 닿을 듯한 높이로 나온 부분은 찜질방(방1)이 되었고, 욕실 밖으로는 둥근 담장을 둘러 처마에 걸친 프라이빗한 외부공간을 마련했다. 지붕의 경계를 완전히 벗어나 덧붙은 식당의 옥상에는 장독대와 높은 굴뚝이 생겼다.

TIP. 마당이 넓을수록 쓰임새를 디테일하게 고려해야

도시가 아닌 전원에 짓는 집은 건물보다 땅이 차지하는 면적 비율이 높은 편. 마당을 어떻게 활용할 것인지 처음부터 고민하여 설계 과정에 반영하는 것이 좋다. 기와올린집의 경우, 쓰임에 따라 마당을 적절히 분할하길 원했기에 집을 'T'자형으로 앉히고 3개의 마당을 만들었다. 식당 쪽 데크 마당, 창고나 농막을 놓을 뒷마당, 조경과 텃밭을 위한 널찍한 앞마당으로 구성된다.

흙벽돌로 둥근 담을 높이 둘러 안과 밖의 경계를 허문 욕실

거실에서 2개의 방을 향해 바라본 모습. 높은 박공지붕 아래 다락이 자리한다. 거실에는 남쪽 앞마당을 향해 큰 창을 내어 한식 창호를 달고 툇마루를 오갈 수 있게 했다.

미닫이문이 설치된 2개의 방은 필요에 따라 여닫을 수 있는 가변형 공간이다.

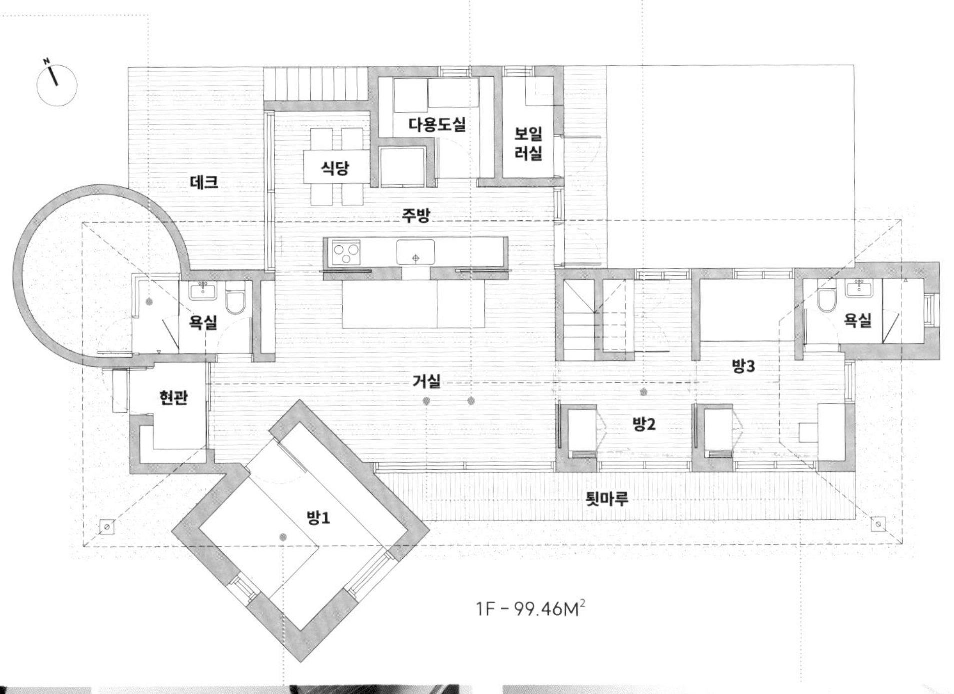

1F - 99.46M²

현관 옆 불쑥 튀어나온 흙벽돌 마감의 박스형 매스는 찜질방, 휴식공간으로 쓰는 첫 번째 방이다. 진입로에서 툇마루, 앞마당으로 닿는 외부 시선을 차단하는 역할도 한다.

다락에서 바라보면 평범한 듯 전형적이지 않은 평면이 한눈에 들어온다. 비틀어 앉혀 튀어나온 첫 번째 방의 벽을 집 안에서도 만날 수 있다.

4

집 안에서도 외부에서 느낄 수 있는 평면의 변주를 온전히 느낄 수 있다. 삐뚤게 튀어나온 벽돌 벽은 방으로 들어가는 입구가 되고, 미닫이문을 열면 칸칸이 이어지는 안쪽 2개의 방은 옛 한옥의 구성을 떠올리게도 한다. 한식 덧문이 달린 거실 창으로는 처마와 툇마루 너머 계절의 변화를 알리는 자연이 그림처럼 펼쳐지고, 비 오는 날이면 처마 끝 떨어지는 빗방울 소리가 정취를 더한다. 시대와 삶을 담은 집에서 부부는 이제 처마에 달 풍경을 준비한다. 바람이 전해올 맑고 정겨운 소리를 고대하면서. **사진 · 진효숙**

4 안으로 들어오면 외관에서 본 모습 그대로 첫 번째 방과 욕실 사이 현관이 자리한다. 책장을 짜 넣은 욕실 벽 옆 통로로 식당, 주방 공간이 이어진다.

5 현관으로 들어서면 거실 너머 칸칸이 이어지는 방과 다락이 한눈에 들어온다.

6 높은 박공지붕 아래 닿을 듯 자리하는 다락

7 집의 가장 안쪽에 자리한 방 2개. 화이트 바탕에 직접 제작한 무늬목 미닫이문과 벽상으로 깔끔하게 연출했다.

5

6

7

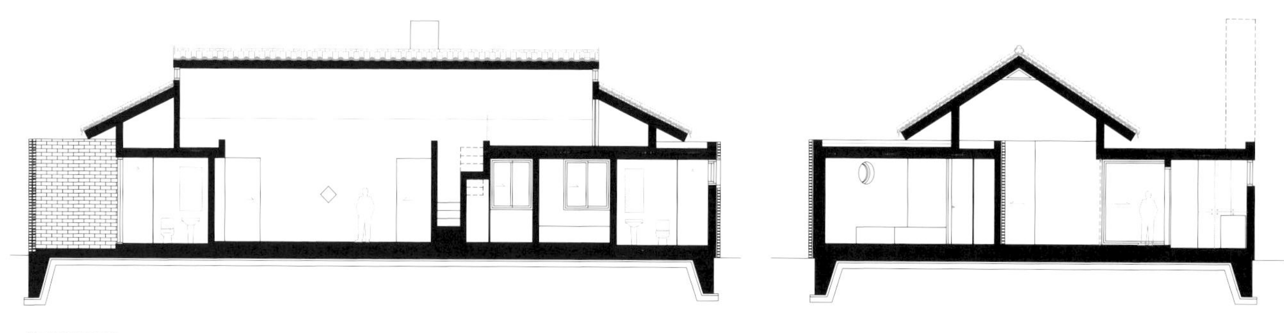
SECTIONS

8 오랫동안 품어왔던 기와지붕과 처마에 대한 추억을 담아 지은 주택의 전경

9 흙벽돌 외장재를 안으로 들인 첫 번째 방의 입구

10 전원생활의 정취를 만끽하게 해줄 툇마루

11 식당의 전면 창 너머로 데크 마당과 욕실 담장이 보인다.

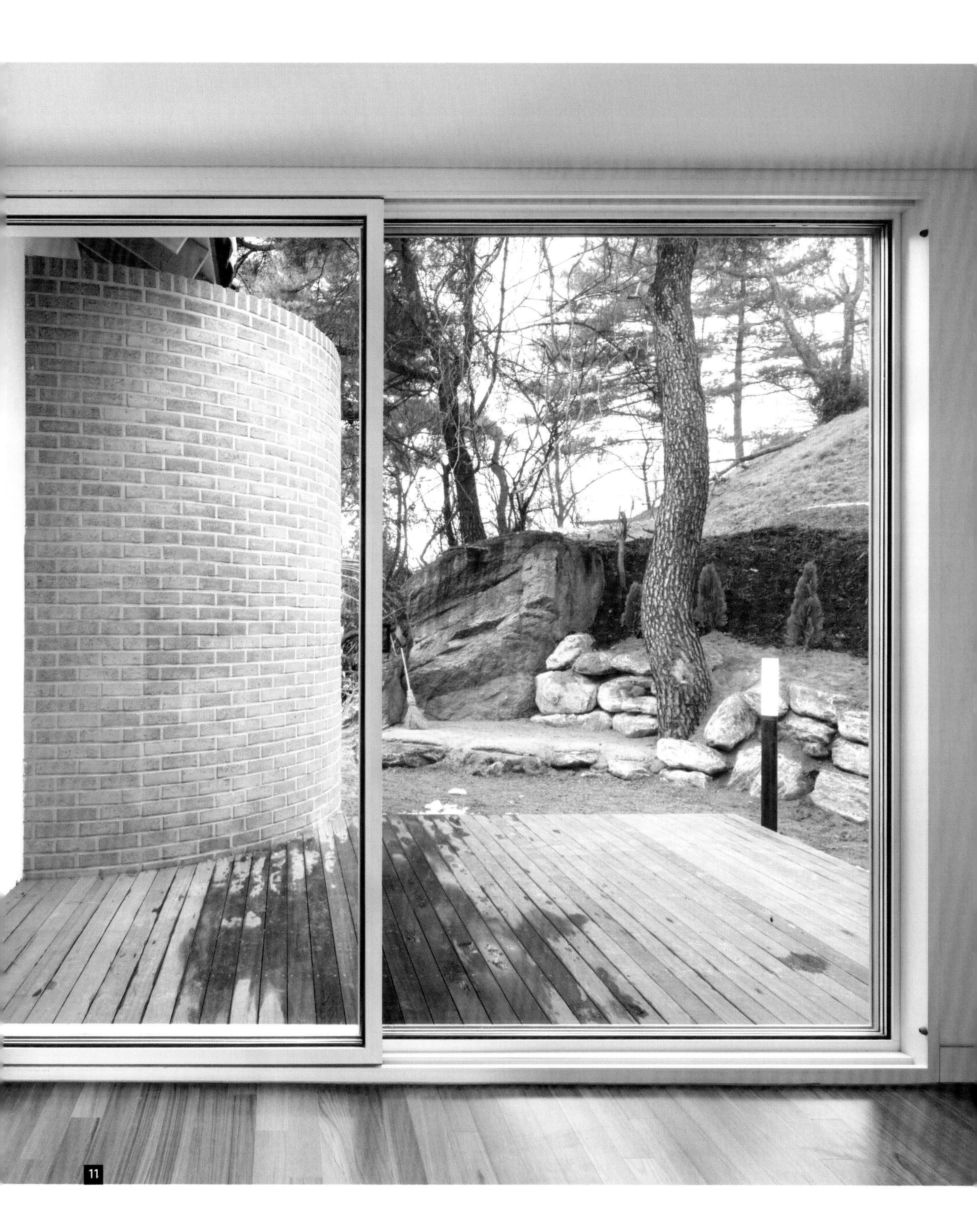

제주도에서 온 따뜻한 소식

봄이 좋은 집

HOUSE PLAN

대지위치 : 제주특별자치도 제주시 | **대지면적** : 838m² (253.49평) | **건물규모** : 1층 | **거주인원** : 2명(부부) | **건축면적** : 164.52m² (49.76평) | **연면적** : 141.15m² (42.69평) | **건폐율** : 19.63% | **용적률** : 16.84% | **주차대수** : 1대 | **최고높이** : 4.76m | **구조** : 기초 - 철근콘크리트 매트기초 / 지상 - 외벽 : 경량목구조 외벽 2×6 구조목 + OSB 합판 + 2×4구조목(가로·세로), 내벽 : 2×6 구조목, 지붕 : 2×10, 2×12 구조목 | **단열재** : 벽 - 그라스울 32K 140 + 40 + 40(mm) / 지붕 - 그라스울 24K 290mm + 32K 40mm / 기초 - 압출법보온판 특호 80mm / 바닥 - 비드법보온판 가등급 135mm | **외부마감재** : 벽 - 시멘트 보드 + 백고벽돌 타일 / 지붕 - 알루미늄 징크 | **담장재** : 제주석 쌓기 | **창호재** : 엔썸케멀링 창호 88m² PVC 삼중창호(에너지등급 1등급) | **철물하드웨어** : 심슨스트롱타이 | **열회수환기장치** : SSK SD-400 | **에너지원** : 기름보일러 | **조경** : 마실누리(안상수 조경가) | **전기·기계·설비** : 지엠엠이씨 | **구조설계** : ZESS연구소 + 조한준건축사사무소 | **시공** : 화미건축 | **설계·감리** : 조한준건축사사무소 http://the-plus.net

INTERIOR SOURCE

내부마감재 : 벽·천장 - 던에드워드 친환경 도장(벨벳) / 바닥 - Nass 광폭오크 원목마루 프리미엄 등급 | **욕실 및 주방 타일** : 윤현상재 수입타일 | **수전 등 욕실기기** : 아메리칸스탠다드, 대림바스 | **주방 가구** : 제작가구 | **조명** : 현지 조명전시장 구입 | **현관문** : 엔썸케멀링 현관문 | **중문** : 위드지스 슬라이딩 도어 | **방문** : 자작합판 제작도어 | **붙박이장** : 제작가구 | **데크재** : 합성목재데크

패시브하우스로 지은 더 건강한 집.
땅에 순응하며 자연을 품은 곳에 또 다른 삶을 펼친다.

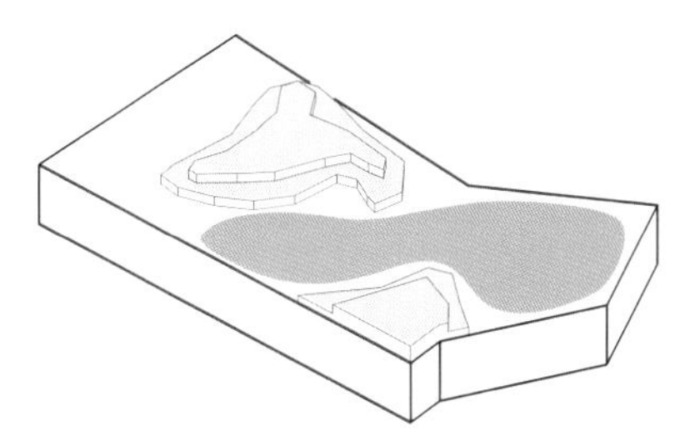
SITE DIVISION & HOUSE PLACE

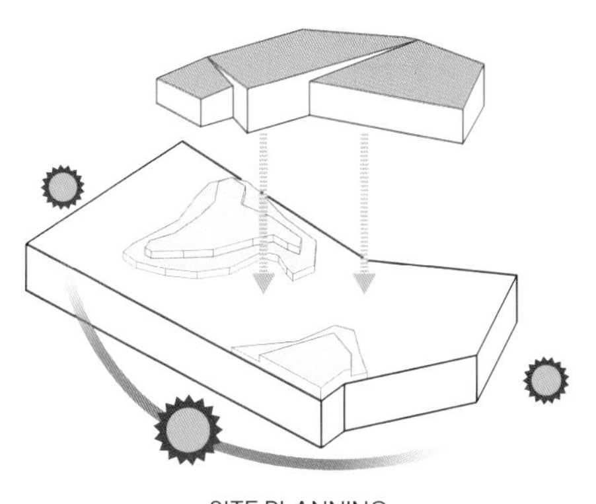
SITE PLANNING

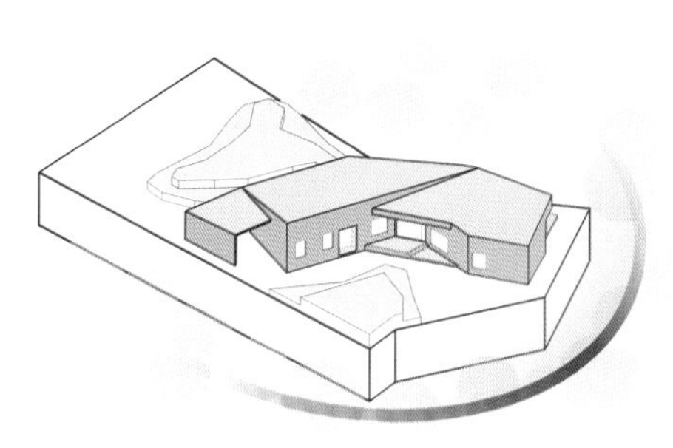
BORROWED SCENERY

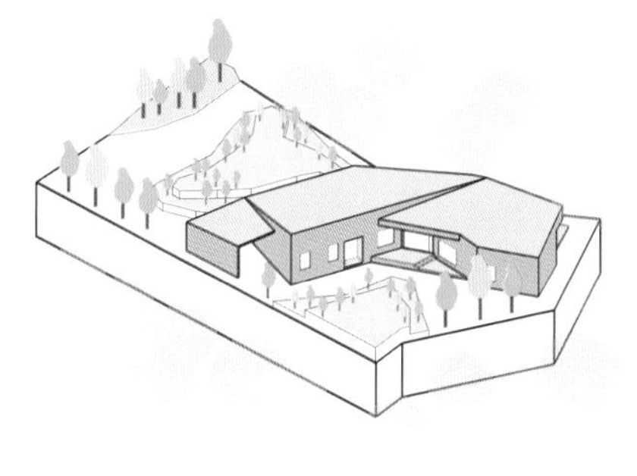
LANDSCAPING

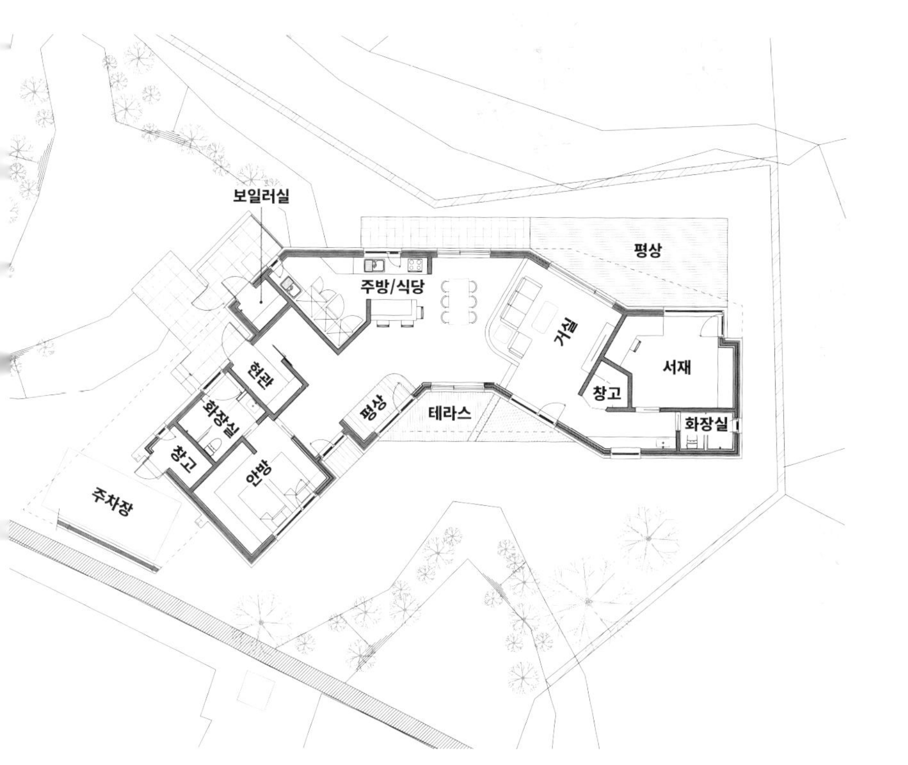

1 주택은 바로 옆 언니네 집과의 조화를 위해 디자인 코드를 맞췄다.

2 대지가 가지고 있는 너른 바위의 존재와 주변의 풍광을 받아들이기 위한 매스의 변화로 지금의 주택 형태가 갖춰졌다.

3 기존에 자리한 지반을 바탕으로 외부 마당과 내부 마당을 구분, 주변의 자연 상태와 조화를 이루는 조경 식재가 이뤄졌다.

2

3

제주도에 집을 짓는다는 것은 매력적이지만 넘어야 할 난관도 적지 않다. 믿을 만한 현지 시공사를 찾기도 어렵고, 육지에서 데려오기도 쉽지 않다. 먼 거리 자체에서 오는 어려움도 있다. 이런 요소들은 건축가는 물론이고 건축주에게도 부담으로 다가오곤 한다. 건축주는 건강과 전원생활을 위해 제주도에 주택을 짓기로 마음을 먹은 60대 부부였다. 제주도 협재리에 먼저 터를 잡은 언니네 집 바로 옆에 토지를 매수하고 사무실을 찾아온 터였다. 원시림 같았던 땅에는 넓은 현무암 너럭바위 지반이 집터에 두 곳으로 분포해 있었다. 두 바위 지반 사이에 집을 앉히고 사방에 펼쳐진 풍광을 집안으로 온전히 끌어 들이기 위해 집의 벽을 꺾어가면서 공간을 구성했다. 집의 크기도 자녀들이 독립해 대형 평수가 부담스러운 건축주 부부에게 꼭 맞춰 적당한 크기의 단층으로 계획했다. 집의 형태가 선형으로 유지되고 현관의 위치에서 좌우로 펼쳐지는 공간들이 개방감을 가지면서 구분되도록 했다.

주택은 규모가 크지 않고 선형으로 길어 자칫 좁아보일 수 있었지만,
자연과 교감하는 앞뒤의 큰 창 덕분에 갑갑하게 느껴지지 않는다.

건축 목표 중 하나가 건강인 만큼 패시브하우스 인증을 제안했다. '과도한 스펙'이라는 피드백도 있었지만, 패시브하우스의 목적은 애초에 '쾌적한 환경'이고 에너지 성능은 이를 구현하면 자연스레 따라오는 것뿐이다. 건축주는 이를 이해해줬고, 패시브하우스로 지어질 수 있었다.
패시브하우스를 위한 중요한 네 요소가 있다. 1) 단열과 열교 차단, 2) 기밀한 벽체, 3) 일사량 조절을 통한 냉난방 부하 감소, 4) 열회수환기장치가 그것이다. 이를 위해 기초 하부와 옆면까지 압출법보온판으로 단열층을 끊기지 않게 했다. 인텔로 가변형 방습지를 벽체 안쪽에, 그리고 모든 개구부의 사면 모두에 기밀테이프를 적용했다. 외부전동블라인드로 일사량을 조절했고, 열회수환기장치로 환기를 확보했다. 이 모든 요소들은 블로우도어 테스트, 스모그 테스트 등을 거치며 건축주로부터 그 필요성과 신뢰를 확보했다. 건축주 부부도 이 집으로 이사와 지낸 지 벌써 1년이 되었다. 첫 사계절을 보낸 부부는 특히 여름에는 습한 제주도의 외부환경이 무색할 정도로 집안에서는 가을 날씨같이 쾌적했다며, 패시브하우스의 효과를 크게 보고 있다고 전해 왔다. 집의 이름을 '봄이 좋은 집'이라 정한 이유는 '본다'의 명사형이 '봄'이고 여기저기 방향마다 '봄'이 좋은 집이기도 하기 때문이다. 사계절 중 하나인 올해 첫 번째 봄이 기다려진다. **글 · 조한준 / 사진 · 정우철**

4 거실과 식당, 주방은 단차를 제외한 물리적 구분을 두지 않고 개방감 있게 배치되었다.

5 따뜻한 햇살을 맞으며 책을 읽기 좋은 평상.

6 별도의 드레스룸 없이 꼭 필요한 만큼만 담은 실용적인 안방.

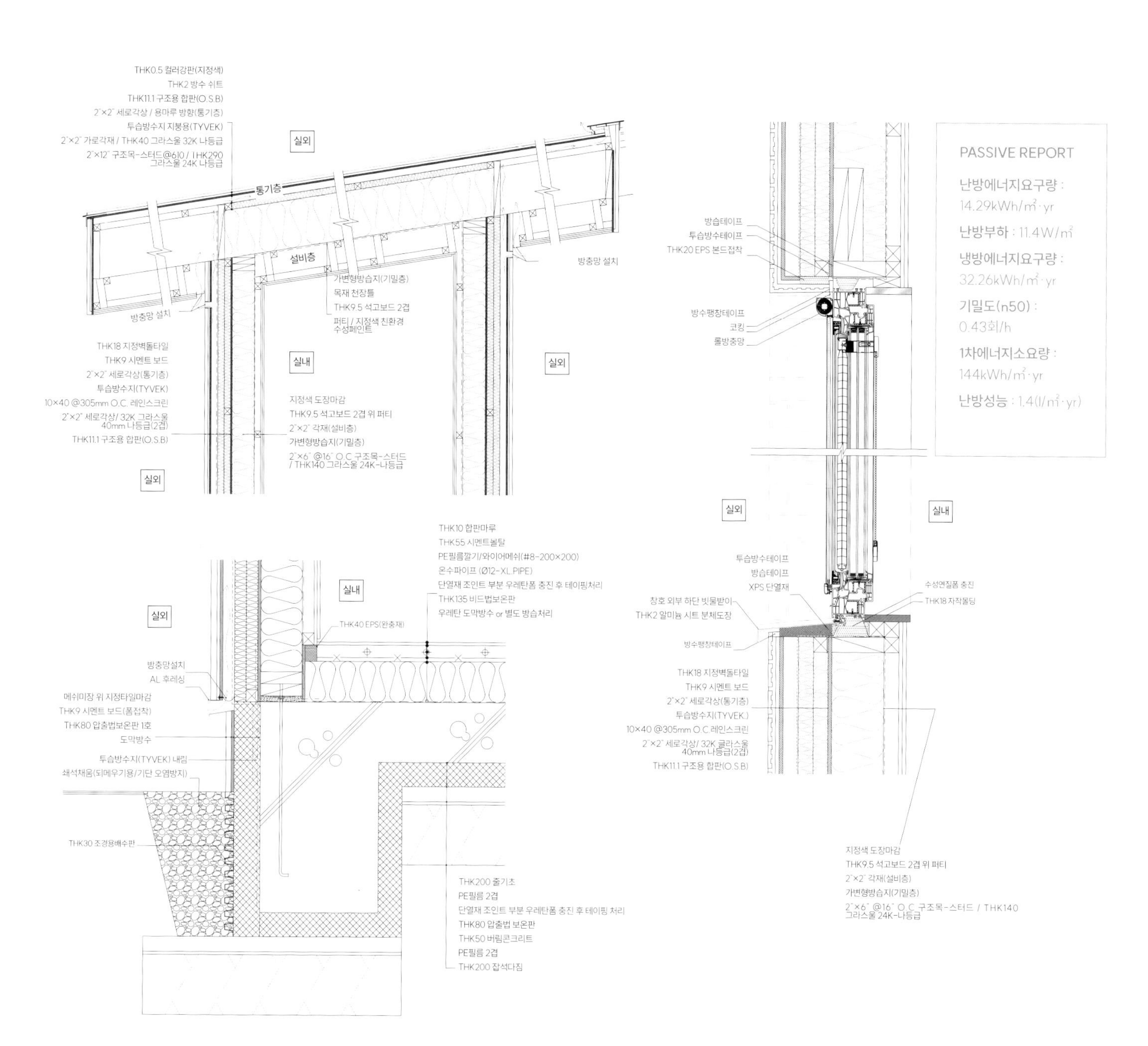

THK0.5 컬러강판(지정색)
THK2 방수 쉬트
THK11.1 구조용 합판(O.S.B)
2"×2" 세로각상 / 용마루 방향(통기층)
투습방수지 지붕용(TYVEK)
2"×2" 가로각재 / THK40 그라스울 32K 나등급
2"×12" 구조목-스터드@610 / THK290 그라스울 24K 나등급
실외
통기층
설비층
방충망 설치
가변형방습지(기밀층)
목재 천장틀
THK9.5 석고보드 2겹
퍼티 / 지정색 친환경 수성페인트
방충망 설치
THK18 지정벽돌타일
THK9 시멘트 보드
2"×2" 세로각상(통기층)
투습방수지(TYVEK)
10×40 @305mm O.C. 레인스크린
2"×2" 세로각상/ 32K 그라스울 40mm 나등급(2겹)
THK11.1 구조용 합판(O.S.B)
실내
실외
지정색 도장마감
THK9.5 석고보드 2겹 위 퍼티
2"×2" 각재(설비층)
가변형방습지(기밀층)
2"×6" @16" O.C 구조목-스터드 / THK140 그라스울 24K-나등급
실외
PASSIVE REPORT
난방에너지요구량 : 14.29kWh/m²·yr
난방부하 : 11.4W/m²
냉방에너지요구량 : 32.26kWh/m²·yr
기밀도(n50) : 0.43회/h
1차에너지소요량 : 144kWh/m²·yr
난방성능 : 1.4(l/m²·yr)
방습테이프
투습방수테이프
THK20 EPS 본드접착
방수팽창테이프
코킹
롤방충망
실외
실내
투습방수테이프
방습테이프
XPS 단열재
창호 외부 하단 빗물받이-
THK2 알미늄 시트 분체도장
방수팽창테이프
수성연질폼 충진
THK18 자작몰딩
THK18 지정벽돌타일
THK9 시멘트 보드
2"×2" 세로각상(통기층)
투습방수지(TYVEK.)
10×40 @305mm O.C 레인스크린
2"×2" 세로각상/ 32K 글라스울 40mm 나등급(2겹)
THK11.1 구조용 합판(O.S.B)
지정색 도장마감
THK9.5 석고보드 2겹 위 퍼티
2"×2" 각재(설비층)
가변형방습지(기밀층)
2"×6" @16" O.C 구조목-스터드 / THK140 그라스울 24K-나등급
THK10 합판마루
THK55 시멘트몰탈
PE필름깔기/와이어메쉬(#8-200×200)
온수파이프 (Ø12-XL.PIPE)
단열재 조인트 부분 우레탄폼 충진 후 테이핑처리
THK135 비드법보온판
우레탄 도막방수 or 별도 방습처리
실내
실외
THK40 EPS(완충재)
방충망설치
AL 후레싱
메쉬미장 위 지정타일마감
THK9 시멘트 보드(폼접착)
THK80 압출법보온판 1호
도막방수
투습방수지(TYVEK) 내림
쇄석채움(되메우기용/기단 오염방지)
THK30 조경용배수판
THK200 줄기초
PE필름 2겹
단열재 조인트 부분 우레탄폼 충진 후 테이핑 처리
THK80 압출법 보온판
THK50 버림콘크리트
PE필름 2겹
THK200 잡석다짐

5

6

7

8

9

PASSIVE REPORT

난방에너지요구량 : 14.29kWh/m2·yr

난방부하 : 11.4W/m2

냉방에너지요구량 : 32.26kWh/m2·yr

기밀도(n50) : 0.43회/h

1차에너지소요량 : 144kWh/m2·yr

난방성능 : 1.4(l/m2·yr)

7 주택에서는 숲속에 폭 안긴 듯 자연을 만끽한다.

8 마당을 넓게 쓰는 대신 안과 밖을 구분하고, 마당 관리 요소를 줄이고 활용성을 높이는 방향으로 정돈했다.

9 거실의 앞마당 쪽으로는 깊은 처마가 있어 비가 오는 날에도 테라스 바깥의 티 타임을 꿈꾸어 보았다. 비가 오는 날 지붕 처마 끝에서 중력을 거스르지 않고 떨어지는 낙수는 색다른 정취를 느낄 수 있게 한다.

논밭 풍경 속 담백한
화담별서 和談別墅

HOUSE PLAN

대지위치 : 전라북도 김제시 | **대지면적** : 660m2(199.65평) | **건물규모** : 지상 1층 | **거주인원** : 3명(부부, 어머니) | **건축면적** : 129.96m2(39.31평) | **연면적** : 129.38m2(39.13평) | **건폐율** : 19.69% | **용적률** : 19.60% | **주차대수** : 2대 | **최고높이** : 4.7m | **구조** : 철근콘크리트 구조 | **단열재** : 비드법보온판 2종3호 | **외부마감재** : 벽 - 벽돌타일 / 지붕 - 컬러강판 | **담장재** : 유로폼 노출콘크리트 | **창호재** : 살라만더 블루에볼루션82 47T 삼중유리 | **열회수환기장치** : 신우시스템 SW-250 | **에너지원** : LPG | **조경** : 안마당더랩 | **시공** : ㈜헤세드 | **설계·구조설계(내진)·감리** : 일상건축사사무소 김헌, 최정인 www.ilsangarchi.com

INTERIOR SOURCE

내부마감재 : 벽 - 규조토 도장, 이건 인테리어 합판 / 바닥 - 노바마루 강마루 | **욕실 및 주방 타일** : 피카바스 포세린타일 | **수전 등 욕실기기** : 대림바스 | **주방가구·붙박이장** : 한샘 | **조명** : 공간조명, AK대광조명 | **현관문** : 우드프러스 다드미 | **중문** : 한식세살문 제작 | **방문** : 예림도어 ABS | **데크재** : 캔우드 SYP 탄화목재 24㎜

건축주는 시골 마을 풍경 속에서 나 홀로 튀지 않는 집,
이웃들이 툇마루에 들러 정답게 이야기할 수 있는 집을 원했다.
주위 풍경과 사람에 조화로이 어울리는
단층 주택 화담별서가 바로 그런 집이다.

1

2

만경강이 흐르는 김제평야 한복판에 위치한 작은 시골 마을. 마을과 살짝 거리를 두고 떨어져 있는 논 한가운데에 주택이 위치하고 있다. 마을과 시각적으로 연계를 가져가고자 했으며 이웃과 소통을 하기 위한 공간의 내어줌도 고민하였다. 땅을 성토하면서 치환과 다짐을 반복하고 지내력 확보에 적지 않은 시간이 필요했다. 한옥 처마가 모여지는 부분이 주는 위요감과 안락함으로부터 영감을 받아 주택 디자인이 시작되었다. 외부에서 보이는 형태도 중요하지만, 그 공간에서 살아갈 사람들이 느낄 시선과 공간감을 우선시했다. 작업영역과 주거영역을 건물 매스로 적절히 나누고, 긴밀히 연결되도록 계획했다. 두 영역은 게스트룸을 기준으로 구분된다. 거실에서 바라보는 풍경은 게스트룸 매스로 작업공간을 가리면서 마당의 조경과 담장 너머로 펼쳐진 시골의 고즈넉한 풍경을 온전히 누리게 해준다.

1 논으로 사용하던 땅을 대지로 사용하기 위해 땅의 일부를 분할하고 형질변경을 하였으며, 대지의 지내력 확보를 충분히 검토하였다.

2 단층 주택만이 가질 수 있는, 외부 공간과 관계 맺는 다양한 방법들을 시도했다. 주택은 마당을 중심으로 내외부가 서로 소통한다.

3 게스트룸 전면에 위치한 툇마루는 사람이 머물고, 햇살이 드리우고, 바람이 지나는 주택의 첫인상이 된다. 건축주는 이웃의 실수로 비닐하우스로 물이 들어와 상추 농사를 망쳐도, 허허 웃으며 "다시 심어서 얼른 키우면 된다"고 괜찮다고 할 정도로 이웃과 허물 없이 조화롭게 살아가기를 원한다. 따라서 이웃과 자주 만나고 쉬면서 담소를 나눌 수 있는 옛 한옥의 툇마루와 같은 공간이 외부로 열려 있기를 바랐다. 더불어 외부의 툇마루가 내부에서도 반복되면서 내부와 외부가 서로 연계되는 집이 되었다.

3

시골 마을에 들어서는 집이 제 모습을 드러내기보다는 주변과 조화롭기를 바랐다. 이로써 심플한 매스, 매스의 분절, 간결한 사선 지붕으로 이루어진 주택이 되었다.
'화담별서'는 건축주가 지은 이름이고 일상건축이 지은 이름은 '모음집'이었다. 건물의 배치도 마당을 향해 모여지고, 집을 짓기 위해 부모님과 두 명의 아들들의 마음과 정성이 모여서 만들어진 집이어서 모음집이라 이름 지었다. 공사 과정 중 건축주는 많은 걱정과 고민에 휩싸였고, 설계자 역시 쉽지 않은 과정들을 겪었다. 그러나 건축주는 집이 완성되고는 공간의 짜임새, 작업영역으로 이어지는 내외부의 공간 연계, 휴식의 공간 등에 너무나 만족한다고 했다. 특히 집에 방문하는 주위 분들, 또는 지나가다 집이 예쁘다며 구경하는 사람들의 칭찬을 듣고 기분 좋게 웃는 건축주를 바라보며 험난했던 설계 과정을 보상받는 기분이었다. **글 · 김헌, 최정인 / 사진 · 홍석규**

4 거실에는 큰 창을 계획해 조망과 채광을 누리는 데 모자람이 없도록 했다.

5 현관 입구. 마당에 아기자기하게 심은 나무들은 주거의 본연의 기능인 쉼을 극대화 시키는 역할을 한다.

4

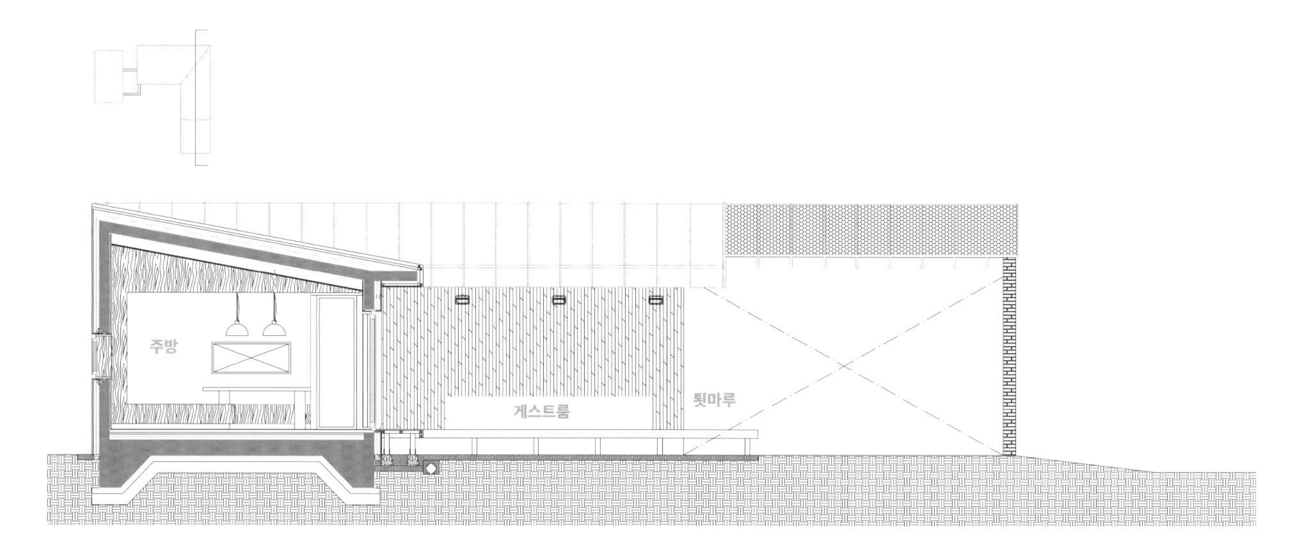
주방
게스트룸
툇마루

6

6 소박하면서도 운치 있는 화담별서의 야경.

7 농사일로 바쁜 아내는 주방이 거실에서는 가려지길 원했다. 아내가 주방에서 요리한 음식을 거실로 열린 작은 내부 창을 통해 내어주고, 남편은 음식을 받아서 식탁에 차린 후 오붓한 식사를 즐긴다. 마치 액자 틀과 같은 목재 평상과 천장 및 벽면 마감은 집에 새로운 포인트가 되어 준다.

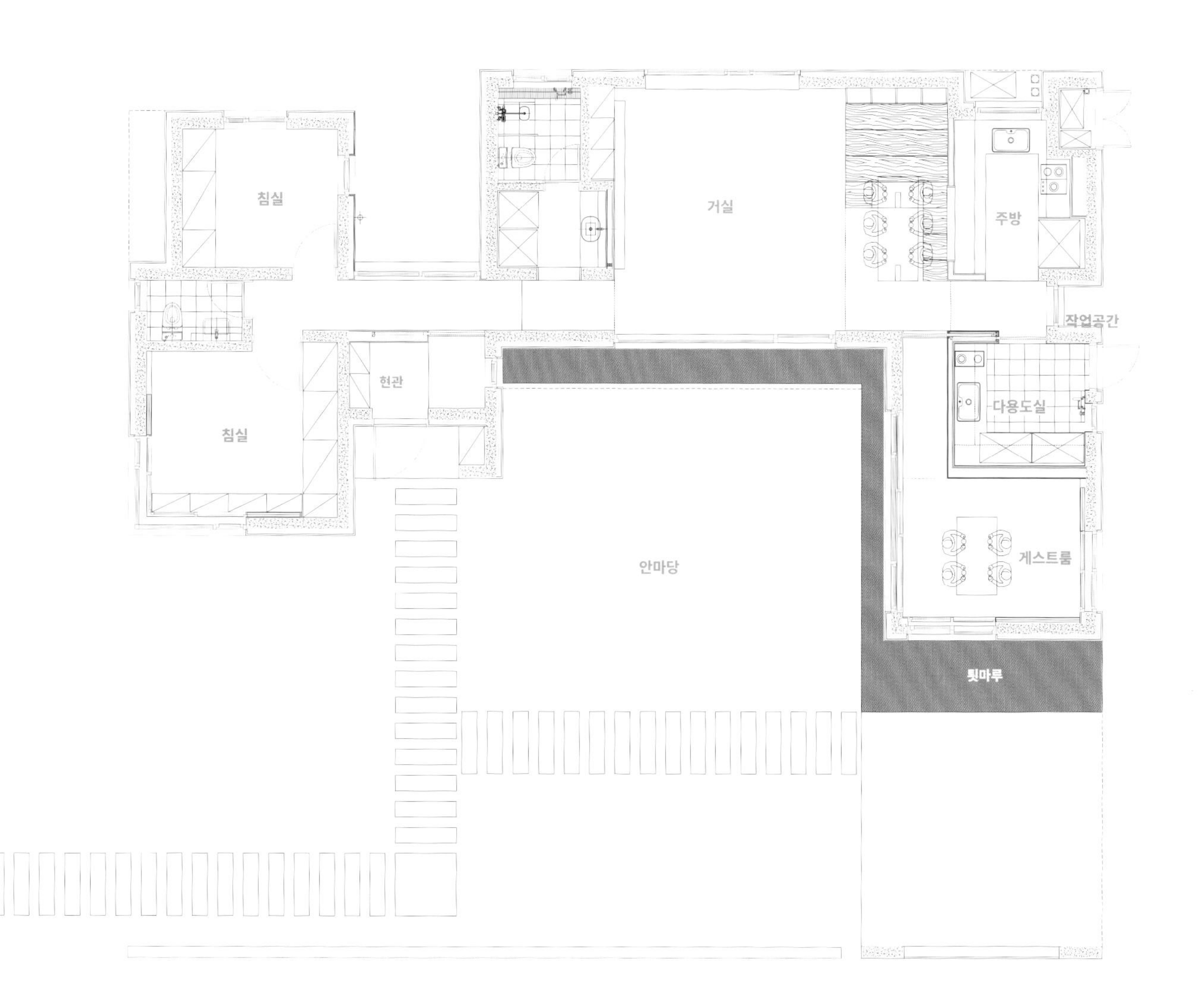

8 지붕의 사선 구조가 실내에서도 드러나 공간에 풍성함을 더한다.

9 복도 끝에는 대나무가, 현관에서는 작은 뒷마당의 홍가시나무가, 안방의 코너 창에서는 앞마당의 팽나무가 내다보인다. 집에서 자연을 잘 느낄 수 있도록 창문 배치에도 많은 신경을 썼다.

10 프라이버시는 보호하면서도 은은한 빛이 들어올 수 있도록 복도 하단에 창을 계획했다. 문과 창은 한옥을 연상케 하는 간살문으로 디테일을 줬다.

11 아내가 주방에서 요리한 음식을 거실로 열린 작은 내부 창을 통해 내어주고, 남편은 음식을 받아서 식탁에 차린 후 오붓한 식사를 즐긴다. 마치 액자 틀과 같은 목재 평상과 천장 및 벽면 마감은 집에 새로운 포인트가 되어 준다.

8

9

10

11

매스 사이 정원을 배치한 홑집
제주 화분

HOUSE PLAN

대지위치 : 제주특별자치도 제주시 조천읍 | **대지면적** : 825m²(250평) | **건물규모** : 1층 | **거주인원** : 4명(부부, 자녀 2) | **건축면적·연면적** : 164.82m²(49.86평) | **건폐율** : 19.98% | **용적률** : 19.98% | **주차대수** : 2대 | **최고높이** : 4.35m | **구조** : 기초 – 철근콘크리트 매트기초 / 지상 – 벽,지붕 – 철근콘크리트 | **단열재** : 비드법단열재 2종3호 130mm | **외부마감재** : 외단열 피니쉬 마감 | **창호재** : KYC창호 | **데크재** : 무근콘크리트 타설 및 콘크리트 폴리싱 | **열회수환기장치** : Vents TwinFresh RA1-50 | **에너지원** : LPG | **조경** : studioL(이대영) | **전기·기계** : 우진엔지니어링 | **설비** : 이룸ENC | **구조설계(내진)** : OS구조 | **시공** : 이아컴퍼니 이기운, 강동휘 | **설계·감리** : 스마트건축사사무소 https://blog.naver.com/rlarjscjf0

INTERIOR SOURCE

내부마감재 : 벽·천장 – 제비스코 드림코트 / 바닥 – 비숍세라믹 수입타일 | **욕실 및 주방 타일** : 비숍세라믹 수입타일 | **수전 등 욕실기기** : 아메리칸스탠다드, 크레샤 | **주방 및 거실 가구** : 모메든 | **조명** : 남광조명, VIBIA SKAN(식탁등) | **현관문** : KYC창호 | **방문** : 목재(철물보강) 위 우레탄페인트(공장도색) | **방문하드웨어** : 헤펠레

가장 제주다운 날씨와 환경을 품기 위해 선택된 백색.
대지의 모양을 따라 형성된 담장과, 공간 사이마다 빛을 품기 위한 틈을 냈다.
외부와 분리된 듯 아늑한 가족만의 생활이 하얀 단층 주택 안에서 이어진다.

1

제주의 북동쪽인 조천읍에 위치한 대지는 일주동로에서 한라산 쪽으로 약 100m가량 위에 위치한다. 일주동로 안쪽에 위치해 주변은 번잡함 없이 차분하고 조용하다. 이곳을 찾은 건축주는 제주에서 나고 자란 30대 후반의 부부이며, 어린 두 딸과 함께 지내는 4인 가족이다. 본래는 제주 도심의 아파트 단지에서 지내던 가족은, 층간 소음 문제와 출퇴근 거리의 단축을 목표로 주택 건축을 계획하기 시작한다. 물론, 그 너머에는 전원생활의 꿈을 실현시킨다는 목적도 있었다.

건축주가 원한 집은 계단이 없이 편리한, 약 50평 정도 규모의 단층주택이었다. 최대 건폐율이 20%인 본래의 대지는 훨씬 더 큰 면적이었지만, 필요한 만큼의 주택을 위해 기존 대지 일부를 250평으로 분할했다. 건축주는 네 식구가 외부의 환경과 분리되며 편안하고 보호받는 생활을 할 수 있는 집을 원했다. 여기에 실내의 인테리어는 밝은 하나의 색으로 통일해 분위기를 이어가는 집을 구상했다.

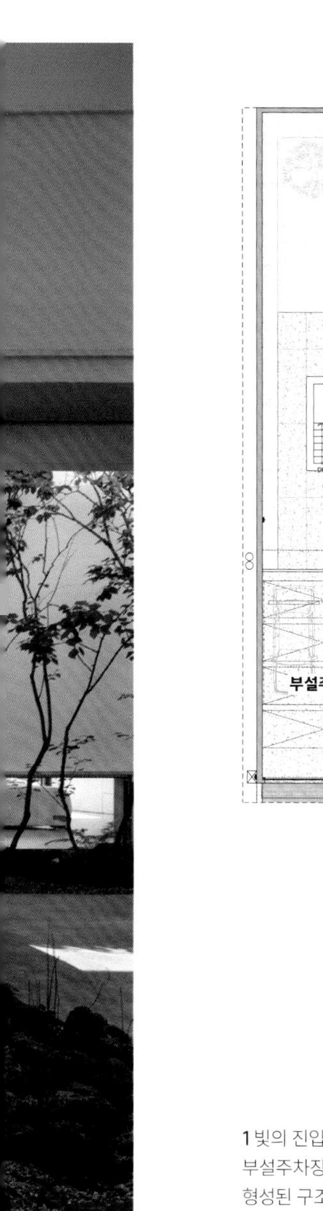

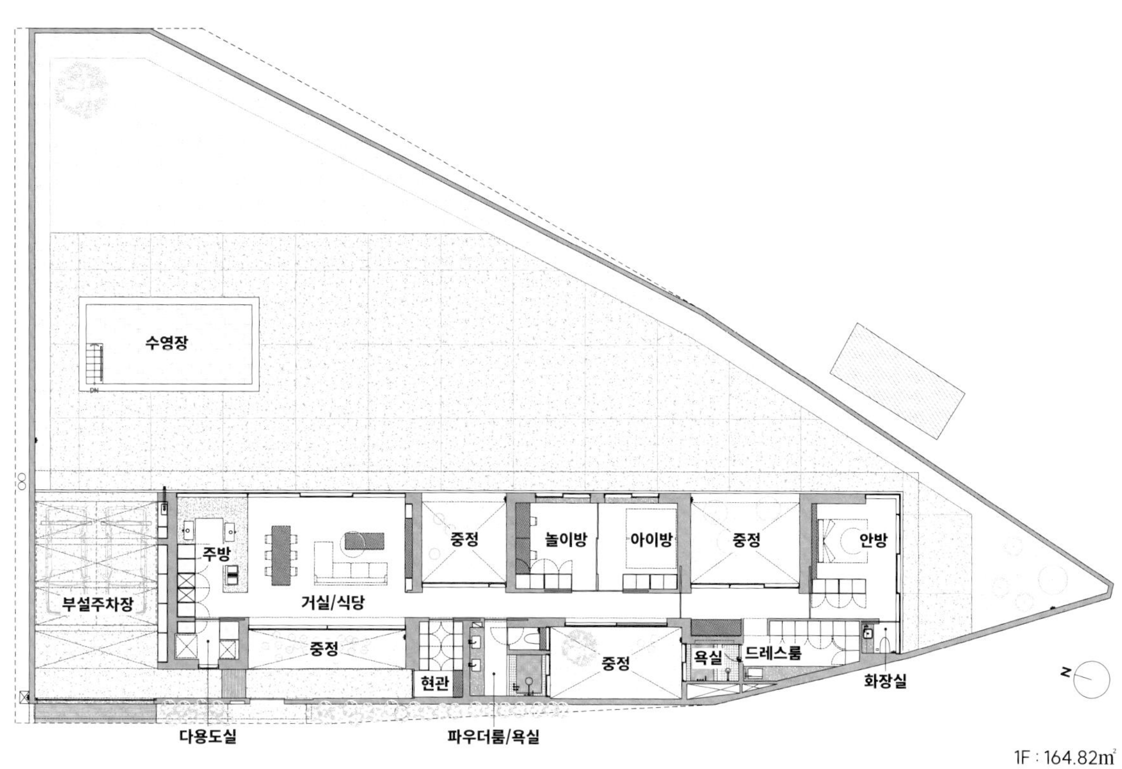

1 빛의 진입로처럼 형성된 부설주차장의 모습. 퍼걸러처럼 형성된 구조체들이 몇 겹의 그림자를 만들며 묘한 공간감을 연출한다.

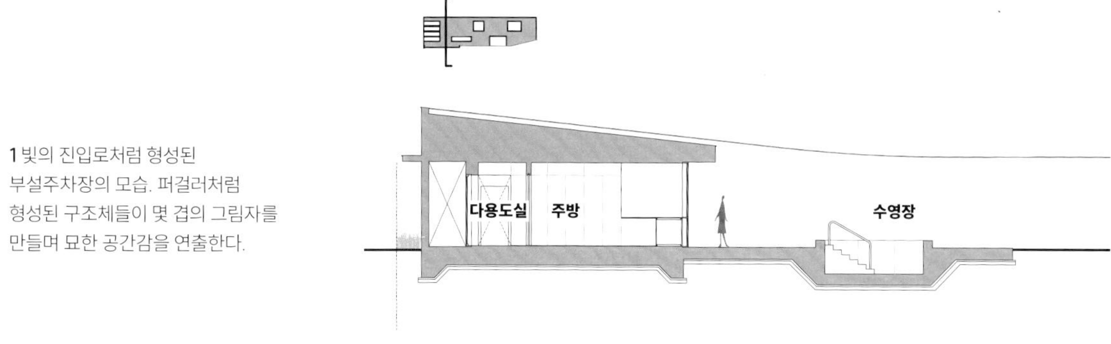

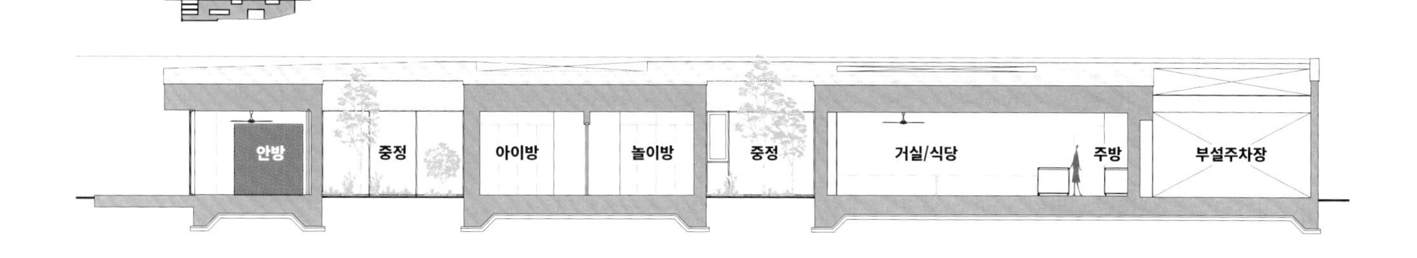

2

3

2·3 긴 복도를 중심으로 가족들의 방과 여러 개의 중정이 배치되어 틈 사이로 햇빛을 담아낸다.

시시때때로 변화하는 제주도의 기후 환경. 이를 적절히 담아내는 건축물의 미감은 어떤 것이 있을까를 고민했다. 제주석의 짙음과 방풍림의 청록, 시시때때로 변화하는 하늘의 색까지, 제주의 풍경이 가진 색들을 담아내는 건축물을 의도했다. 더불어 건축주의 요청처럼 외부로부터 충분히 보호받을 수 있는 성능까지 갖춰야 했다. 제주의 기후 특성을 고려해 건식마감보다는 습식마감을 사용해 골조와 일체화시키는 방법을 택했다. 골조공사 단계에서 단열재를 미리 설치한 후 일체타설하는 방식으로 백색의 외단열재를 시공했다. 환경적 요인은 시공사를 선정하는 과정에도 영향을 미쳤다. 건축주와 함께 많은 이야기를 나누며, 제주만의 환경적 요인을 감안할 수 있는 역량을 갖춘 시공사를 선정하는 데에 주력했다. 실제로도 변덕스러운 날씨가 이어졌지만 시공사는 물론 가구, 조경팀까지 서로 적극적으로 협조해 좋은 마무리를 할 수 있었다. 하얀색의 담이 대지 전체를 둘러 방풍림의 역할을 하고, 프라이버시를 지켜주는 집. 백색으로 통일된 외관은 주변의 풍광이 가진 색을 모두 받아들이면서도 스스로의 선명함을 잃지 않는다. 구성 면에서는 무엇보다 50평이라는 면적이 작게 느껴지지 않았으면 했다. 이는 곧 매스들 사이에 외부 공간을 계획하는 방향으로 이어졌다. 일직선의 매스에 마치 치즈 구멍 같은 정원이 박힌 홑집. 이 틈새로 빛이 스미며 집은 더욱 밝아지고, 크고 작은 직선이 교차되는 지점들을 가족들이 거닐며 끊임없는 풍경을 만끽한다. **글 · 김건철 / 사진 · 박영채**

거실과 다이닝은 시원스레 펼쳐진 외부 마당을 바라보지만, 동시에 현관부 중정을 향해 난 발치의 창으로도 시선을 돌릴 수 있는 곳이다.

4 집의 남쪽 끝에 위치한 안방은 코너창을 통해 더 큰 채광을 확보한다. 담장밑으로는 현무암으로 꾸며진 조경을 더해 프라이빗한 나만의 자연을 가지게 된다.

5 욕실은 조적 욕조를 낮게 구성해 휴식과 함께 중정의 풍경과 햇빛을 즐기는 공간으로 만들었다.

6 단순한 직선과 백색으로 구성된 담장은 외부에서의 시선을 차단하면서도, 올곧고 깨끗한 '화분'만의 인상을 만들어 준다.

7 내부 마당에서 바라본 집의 모습. 일자로 뻗은 직관적인 구조 속에, 사이 공간들이 더해지며 크고 작은 볼륨감이 생긴다.

6

7

모두를 둥글게 감싸 안으며

김천 동그란집

HOUSE PLAN

대지위치 : 경상북도 김천시 | **대지면적** : 463.70m2(140.26평) | **건물규모** : 지상 1층 + 다락 | **거주인원** : 4명(부부+자녀2) | **건축면적** : 148.64m2(44.96평) | **연면적** : 141.71m2(42.86평) | **건폐율** : 32.06% | **용적률** : 30.56% | **주차대수** : 1대 | **최고높이** : 5.95m | **구조** : 기초 – 철근콘크리트 매트기초 / 지상 – 경량목구조 | **단열재** : 수성연질폼 | **창호재** : E-Plus 시스템창호 | **외부마감재** : 청고벽돌 | **조경** : 건축주 직영 | **시공** : ㈜시스홈종합건설 | **설계** : 유타건축사사무소 김창균, 배영식, 이조은, 최민희 **www.utaa.co.kr**

INTERIOR SOURCE

내부마감재 : 벽, 천장 – 도장 / 바닥 – 원목마루 | **수전 등 욕실기기** : 아메리칸스탠다드 | **주방 가구·붙박이장** : bello_creative 제작가구 | **현관문** : YKK

머무는 이 모두가 즐거이 쉴 수 있는 놀이터.
둥글면서 열린 집은 풍경을 품고 가족을 치유한다.

1

1 중정에서부터 대지 앞 공원, 멀리 산세까지 자연이 연속적으로 펼쳐진다.

2 산책로가 있는 뒷마당은 건물과 가벽이 필요에 따라 다른 곡률을 가지며 볼륨감이 돋보이는 공간이다.

경상북도 김천의 동쪽, 운남산과 고성산 사이 도공촌이라는 마을이 있다. 산 깊숙이 자리해 고요하고 한적한 동네다. 대지 앞은 켜켜이 겹친 산세가 펼쳐져 있어 원경이 아름다우며, 대지 옆으로 공원이 있어 근경 또한 푸릇하다. 최근 많은 건물이 들어서면서 마을의 풍경보다는 산만한 분위기에 더 사로잡힌다. 원경, 근경의 자연과 관계를 맺으면서 산 아래 박혀 있는 돌처럼 크게 눈에 띄지도 않고 묵직하게 자연과 어우러질 수 있길 기대했다. 직장 때문에 김천으로 이사 온 건축주 부부는 김천을 두 번째 고향으로 삼기로 했다. 평생 이 집에서만 살게 되지는 않겠지만, 아이들이 커가는 십여 년은 계속 머물며 지낼 집을 원했다. 그리고 이후 다른 곳으로 이사 가더라도 이 집은 계속 남아, 종종 도시에서 벗어나 자연 속에서 마음 편히 쉴 수 있는 휴식처가 되었으면 좋겠다고 했다.

건축주가 의뢰한 내용은 크게 네 가지로 정리할 수 있다. 첫째, 아이들의 놀이터, 캠핑, 텃밭 등을 즐길 수 있는 마당이 있을 것. 둘째, 손님들이 자주 찾는 집이면서 기분 좋게 쉬다 갈 수 있는 장소가 될 것. 셋째, 처마와 툇마루가 있어 한옥을 닮으면서, 마지막으로 약해 보이지 않고 단단한 외형을 가지기를 원했다. 휴식처 같은 집을 계획하는 데 있어 자연 풍경은 중요한 요소가 되었고, 이를 집의 중심으로 끌어오고자 했다. 하지만, 필요한 실들을 대지에 맞게 배치하면 대지 길이가 부족하거나 전망이 아쉬워지고 복도가 늘어졌다. 그래서 집 중심에 자연을 넣기 위해 중정을 먼저 계획했다. 중정 중심으로 공간을 돌려가며 아쉬웠던 부분을 보완하고 전망이 필요한 부분을 잘라냈다. 중정을 기준으로 배치된 공간들을 유연하게 만들어가다 보니 집의 형태가 '동그란집'이라는 이름에 걸맞게 원형에 가까워졌다. 주방 거실에 있을 때나 복도를 걸을 때나 아이들이 방 앞에서 놀 때나 시선은 항상 중정을 향한다. 가족들은 항상 함께 있지 않아도 시선이 닿으며 소통이 쉬워진다. 중정은 자연을 담기도 하지만, 가족 구성원들만의 풍경을 담기도 한다.

3 곡선 처마는 시간에 따라 다양한 그림자를 만들어내며 중정의 풍경을 더욱 다채롭게 한다.

4 처마와 툇마루는 풍경을 바라보는 시선에 깊이를 더해 준다.

5 원경으로 켜켜이 겹친 산세를 품은 마당. 온전히 가족들을 위한 중정이다.

6 아이들 방 앞은 복도 폭이 넓어지면서 작은 거실이 된다. 툇마루로 공간이 확장되어 외부와도 쉽게 소통할 수 있다.

7 큰 창을 통해 외부 풍경과 채광이 깊게 들어온다. 중정과 바로 연결되어 손쉽게 외부에서 식사를 하고 캠핑을 즐기게 한다.

8 공용부인 거실, 주방 및 중정과 분리되어 개인 시간에 집중할 수 있는 침실공간이다. 곡선 벽체 덕분에 아이들 방 앞까지 시선이 깊숙히 닿는다.

9 도로로부터 시선을 차단시켜 주면서 빛과 바람이 통하는 반개구 가벽과 계단 하부 공간을 활용해 포켓 침대 공간이 적용된 아이방.

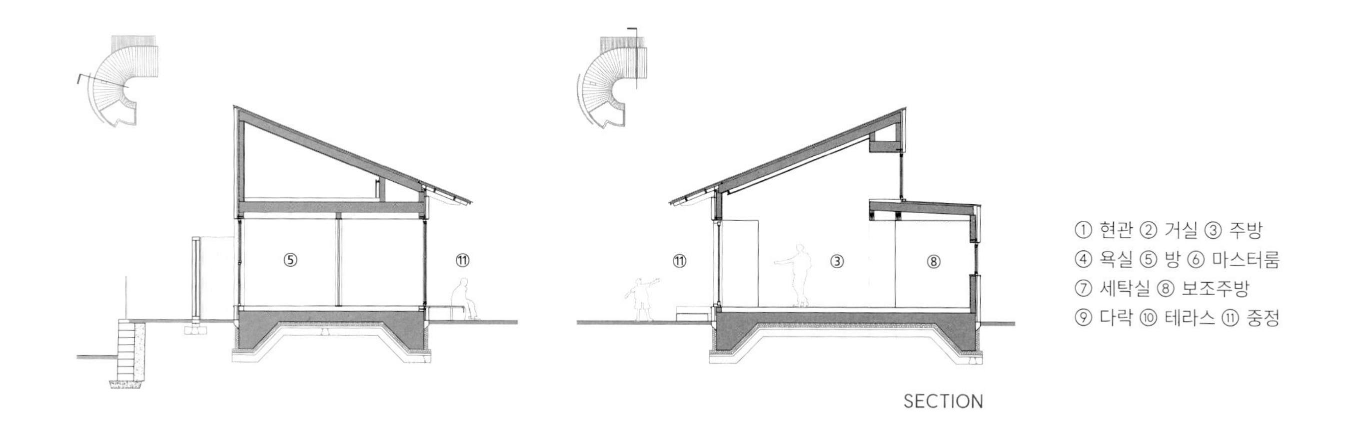

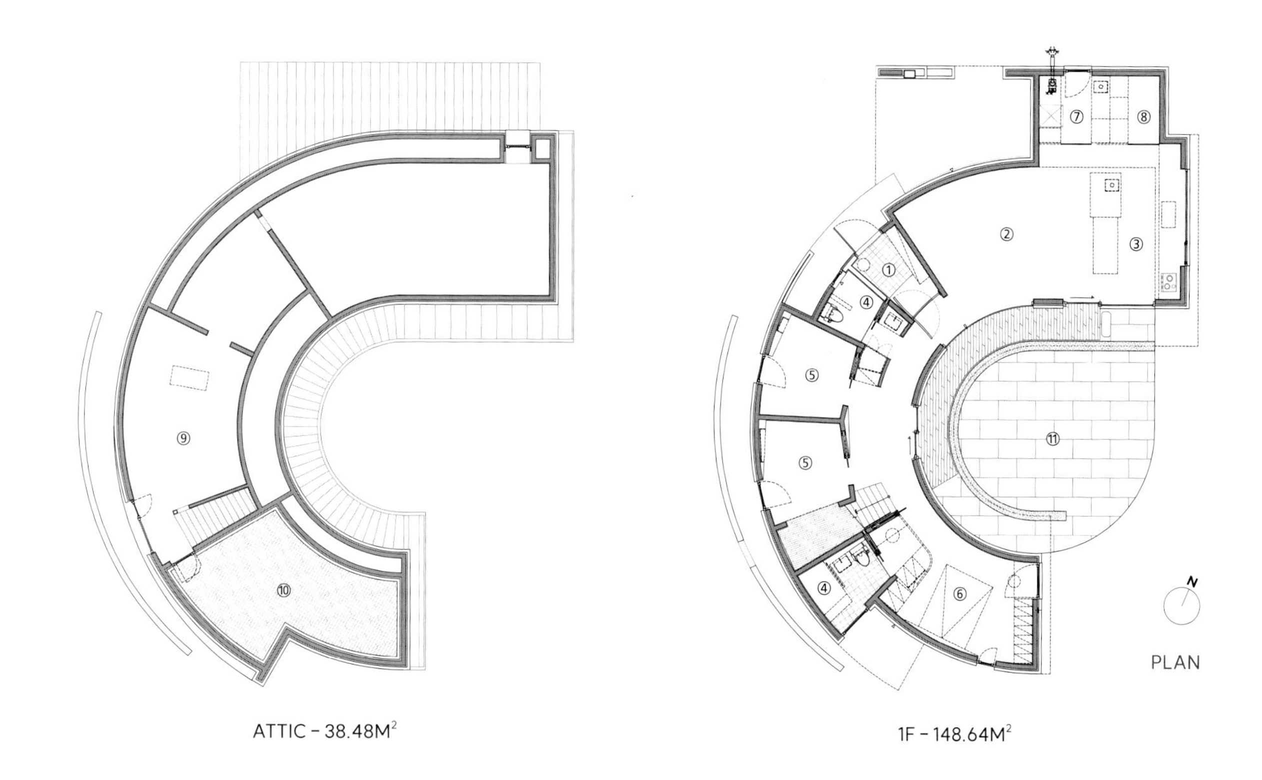

주방에서는 처마와 툇마루로 시선 및 공간이 확장되어 개방감을 느낄 수 있다. 이는 외부로 동선을 유도하며 주방의 영역이 자연스럽게 중정 마당까지 이어진다. 한편, 큰 도로가 있는 부분의 창문은 가벽을 통해 도로에서의 시선을 한 번 더 차단했다. 또, '반 개구 쌓기'라는 포인트 쌓기 방식을 통해 빛과 바람이 통과되면서 원형이라는 볼륨감을 더욱 돋보이게 했다. 특이한 조형감이 다소 생소할 수 있다. 하지만, 동그란 집은 중정처럼 어느 정도 테두리가 있는 아늑한 마당을 가지면서 풍경을 깊숙하게 끌고 오기에는 충분한 형태였다. 곡선 형태를 목구조로 구현하면서 함께 도출되어 만들어진 곡선 처마는 자연으로의 몰입감을 한층 깊게 유도한다. 동그란 집으로 둘러싸인 동그란 마당은 산의 풍경을 담기도 하고 때론 가족 구성원들만이 간직할 소중한 일상이라는 풍경을 담기도 한다. **글 · 김창균 / 사진 · 윤준환**

길게 이어진 툇마루는 복도와 더불어 또 하나의 동선이 된다.

창으로 연결된 하나의 시퀀스
남원 둥글집

HOUSE PLAN

대지위치 : 전라북도 남원시 | **대지면적** : 450m2(136.13평) | **건물규모** : 지상 1층 | **거주인원** : 3명 | **건축면적** : 116.66m2(35.29평) | **연면적** : 108.76m2(32.90평) | **건폐율** : 25.93% | **용적률** : 24.17% | **최고높이** : 4.40m | **구조** : 기초 - 철근콘크리트 매트기초 / 지상 - 철근콘크리트 | **단열재** : 비드법단열재 2종2호 135㎜ | **외부마감재** : 외벽 - 적벽돌 치장쌓기, STO 외단열시스템 / 지붕 - 평슬라브, 복합방수, 배수판, 쇄석깔기 | **창호재** : 살라만더 47㎜ PVC 삼중창호(에너지등급 1등급) | **내부마감재** : 벽 - 친환경 수성페인트 도장 / 바닥 - 노바 애쉬내츄럴, 포세린 타일 | **욕실·주방 타일** : 피카바스 모자이크 타일 | **수전·욕실기기** : 대림바스, 더존테크 | **주방가구** : 한샘 | **조명** : 남광전기 | **현관문** : 성우스타게이트 단열현관문 | **방문** : 영림도어 | **붙박이장** : 한샘 | **조경석** : 사비석판석 | **데크재** : 에스와이우드 이페 19㎜ | **열회수환기장치** : 양지시스템(주) 에이피 NHB-8 | **에너지원** : 도시가스 | **조경** : 조경상회 스튜디오 엘 | **시공** : 로뎀건축 |
설계·감리 : 일상건축사사무소 김헌, 최정인 www.ilsangarchi.com

붉은 벽돌 위 둥글게 이어지는 두 개의 처마.
병렬로 나열된 실과 외부 공간을 창으로
연결해 시퀀스를 완성했다. 많은 이들이 모이는 단층집에는
형틀 목수로 일해오신 아버지의 흔적이 담겨 있다.

1 가늘고 긴 형태의 대지 위에 펼쳐진 매스. 마당 담장 앞쪽으로 텃밭 공간을 계획했다.

2 단조로워 보일 수 있는 단층 주택에는 노출콘크리트의 둥근 처마로 단아하고 부드러운 포인트를 주었다.

아버님은 40년 넘게 형틀 목수로 살아오셨다. 아들은 그런 아버지와 어머니, 그리고 90대의 할머니를 위해 텃밭이 있는 편안한 집을 지어드리고 싶었다. 집짓기를 결정한 후 아버님은 처음부터 끝까지 직접 공사를 진행하고 싶다고 하셨지만, 먼저 단독 주택을 지어본 경험이 있는 아들은 전문가의 필요성을 느껴 건축사사무소와 상담을 권했다. 미팅을 하면서 아버님은 가족을 위한 새집의 골조 공사를 직접 진행하게 되었다. 적벽돌 담장을 받치는 기단 벽은 거푸집을 탈거한 상태 그대로 노출해 아버님의 흔적이 집에 묻어나도록 했다. 연세가 있는 가족 구성원을 고려해 단층 주택을 계획하고, 기다란 대지의 활용도를 높이기 위해 전체적으로 매스를 펼쳐 놓고자 했다. 건축주는 서쪽에 인접한 2층 주택을 고려해 오후까지 마당과 거실에 햇빛이 들 수 있도록 건물을 배치하고, 외부와 원활하게 연결될 수 있는 내부 구조를 원하셨다. 동시에 손주들이 마음껏 뛰어놀 수 있는 넓은 마당은 놓칠 수 없는 요소였다. 개방감과 안정감이 동시에 필요했기에 위화감을 주지 않는 범위에서 눈높이 정도의 담장을 계획했다.

시골 생활의 특성상 주변 지인들이 집에 모여 담소를 나누는 일이 잦기 때문에 거실, 주방, 넉넉한 평상, 마당을 하나의 영역으로 만들어 도로와 접한 전면 영역에 배치했다. 메인 주방 옆으로는 외부 수전 공간과 연결되는 보조 주방 겸 다용도실이 마련되어 있어 외부와의 연결성을 높였다. 개인적인 침실 공간은 매스 사이에 조성된 사이 조경 안쪽으로 배치해 프라이버시를 확보하고자 했다. 거실에서 사이 조경을 바라보며 복도를 지나면 부부 침실과 할머니의 방이 나온다. 부부 침실과 복도는 벽으로 구분하지 않고 한식 미닫이 창호를 설치해 평소에는 복도의 영역까지 공간감을 확보할 수 있게 계획했다. 침실 앞 큰 창을 통해 사이 조경의 풍경뿐만 아니라 건너편의 주방과 거실, 그리고 마당까지 시각적으로 소통이 가능하다. **글 • 김현, 최정인 / 사진 • 최진보**

1 노출콘크리트의 거친 이미지는 진입 공간의 외벽에서 시작해 담장의 기단 벽, 주택의 둥근 처마로 이어진다.

2 공용 공간과 사적 공간을 구분하면서 자연을 더 가까이 할 수 있도록 매스 사이에 정원을 조성했다.

3

4

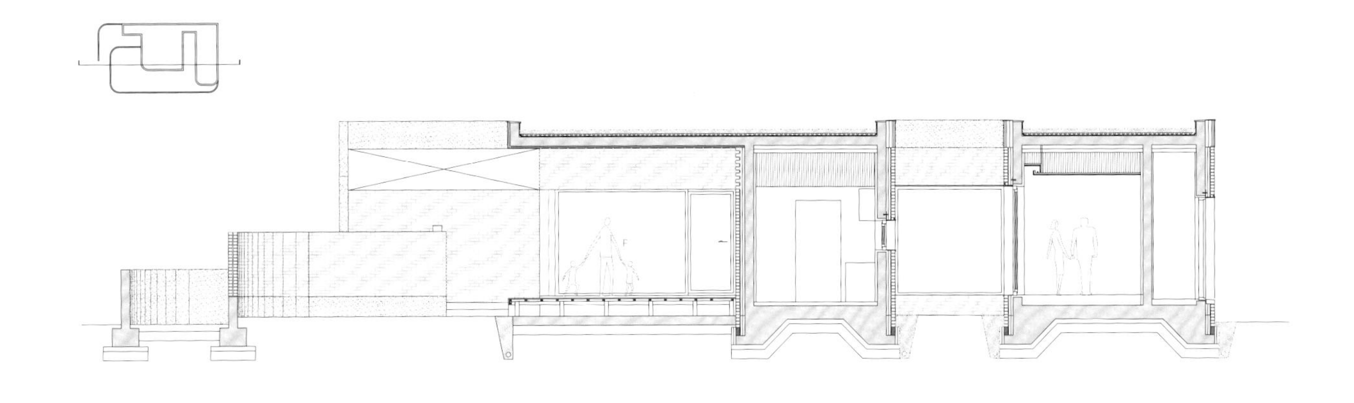

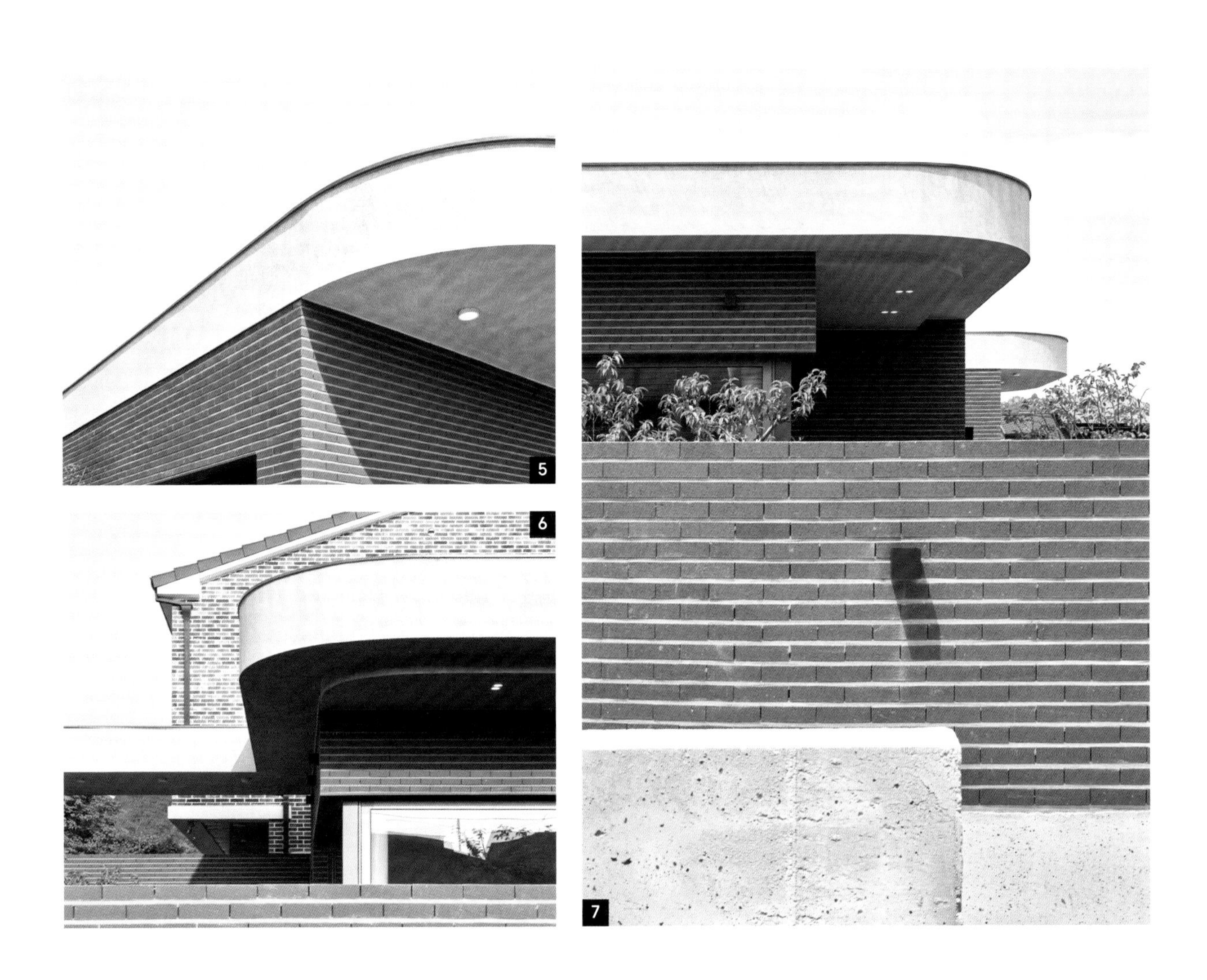
5
6
7

5·6·7 단층 주택의 수직적 단조로움을 수평적 다양함으로 보완해볼 수 있다. 둥글집은 마당을 지나 현관과 거실, 침실까지 공간을 나열하고, 매스 사이에 조경과 큰 창을 두어 전체 공간이 하나의 시퀀스를 갖는 주택이 되었다. 또한 하나의 층 안에서 사용 빈도를 고려해 공간별로 면적을 배분했다.

8 적벽돌과 노출콘크리트의 조화가 인상적인 둥글집의 외관. 구부러지는 이미지는 두 매스의 처마와 함께 평상과 담장에서도 이어진다.

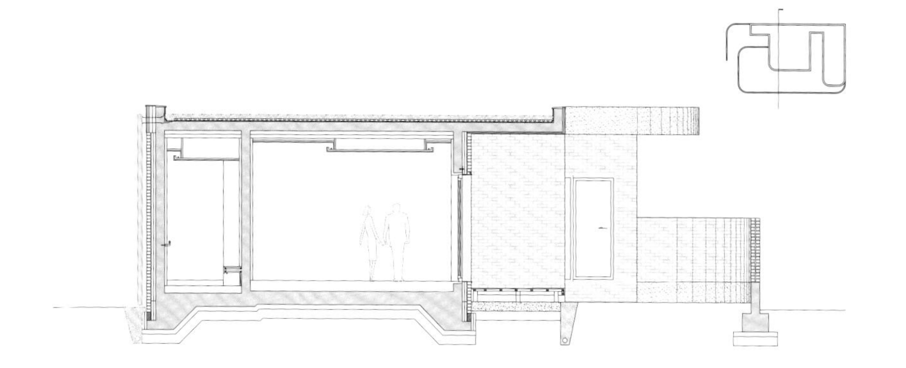

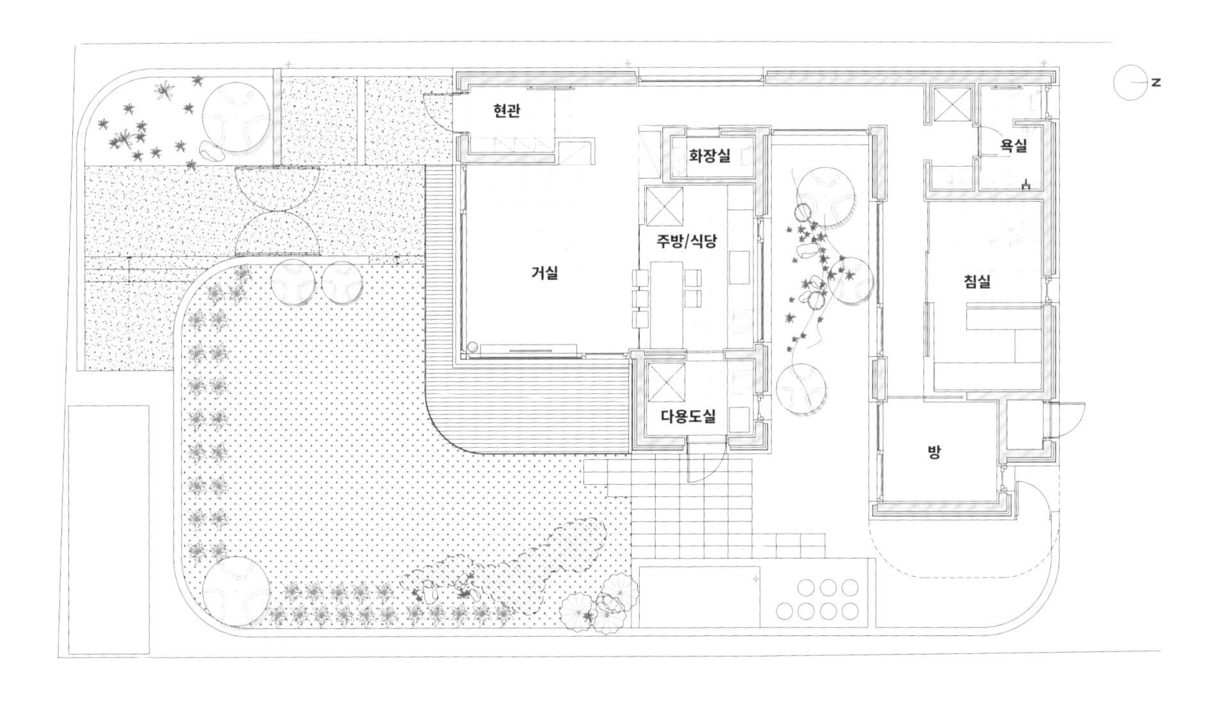
N
현관
화장실
욕실
주방/식당
거실
침실
다용도실
방

9

9 거실에서 바라본 마당. 두 면이 모두 창으로 열려 있어 외부까지 공간이 확장된다. 다른 실들보다 층고를 높여 개방감을 더했다.

10 거실과 주방이 있는 공용 공간과 침실과 작은 방이 있는 사적 공간 사이의 복도. 낮은 창과 벽면의 통창으로 야외와 연결성을 놓치지 않았다.

11 폭이 좁은 마당 공간엔 담장을 따라 식물을 식재해 공간이 답답하지 않도록 했고, 공간별로 위계를 정해서 식물의 수종과 수형, 수고를 결정했다.

12 아일랜드 식탁을 두어 11자 형으로 깔끔하게 완성한 주방. 팬트리 공간과 다용도실로 연결된다.

13 부부 침실과 안쪽의 작은 방. 침실은 미닫이 창호를 설치해 평소에는 열어 두어 복도와 사이 조경까지 공간감을 넓힐 수 있다.

10

11

12

13

넉넉하게 만들어진 평상에서는 가족은 물론 동네 사람들의 이야기꽃이 펼쳐진다. 밤에는 조명으로 은은한 분위기를 느낄 수 있다.

긴 대지에 일자로 지은 집

포천 소담재

HOUSE PLAN

대지위치 : 경기도 포천시 | **대지면적** : 1,119m2 | **용도** : 단독주택 | **건물규모** : 지상 1층 | **건축면적** : 165.13m2 | **연면적** : 150m2 | **건폐율** : 14.75% | **용적률** : 13.45% | **주차대수** : 주1동 - 1대 / 주2동 - 1대 | **최고높이** : 주1동 - 5.57m / 주2동 - 5.57m | **구조** : 철근콘크리트 | **외부마감재** : 벽돌, 노출 콘크리트 | **시공** : 공디자인 | **설계·감리** : 일구구공도시건축 건축사사무소(주) https://1990uao.kr

건축가가 중학교 도서관을 리노베이션할 당시 업무담당 선생님이 지금의 포천 소담재 건축주 부부 중 남편분이다. 도서관을 설계하는 과정과 결과를 지켜보시고는 주택을 의뢰하면서 인연은 이어졌다.

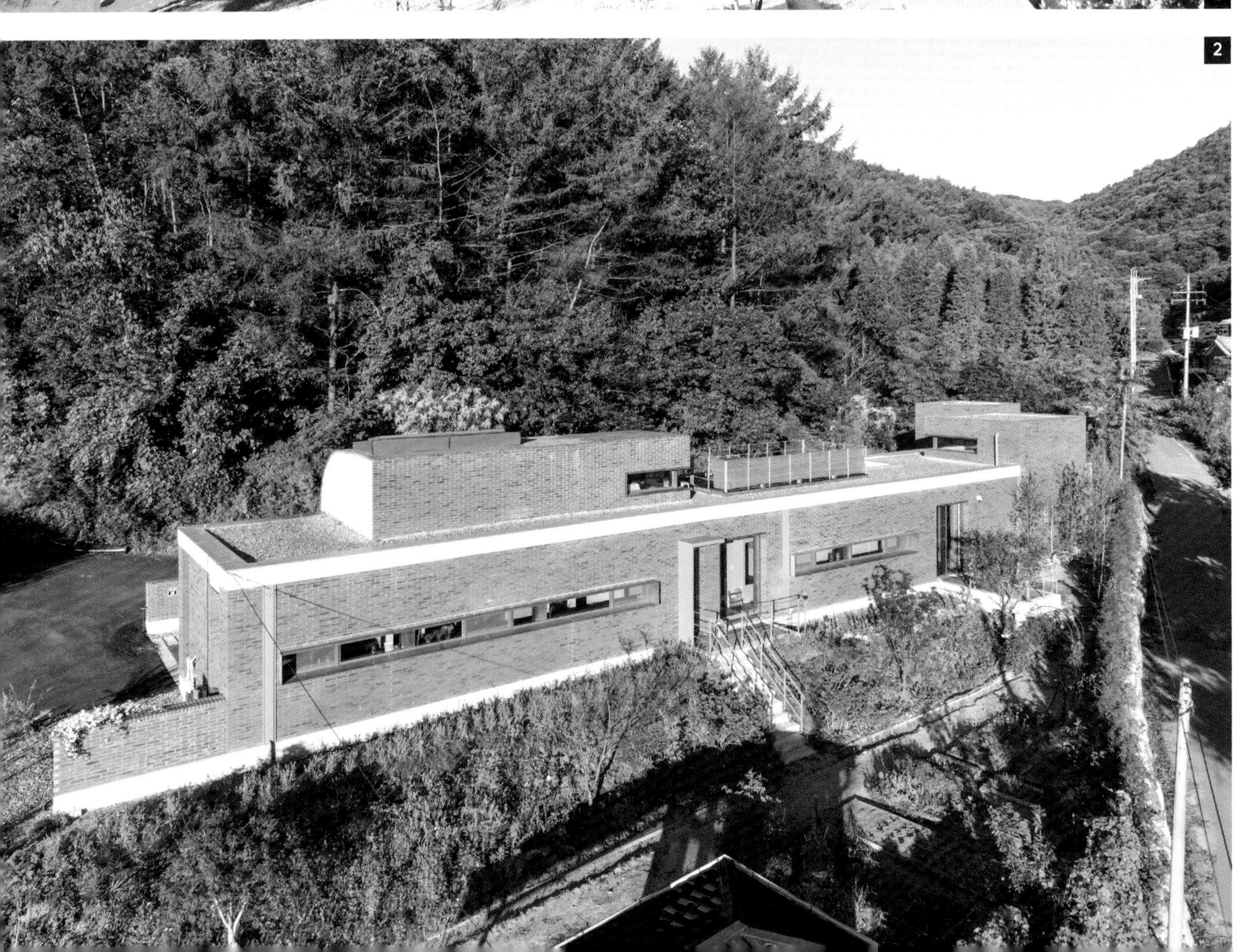

1 작은 집들이 드문드문 자리한 마을이다. 대지는 2단으로 이루어진 가운데, 350평이 넘는 땅에 45평 남짓 필요한 만큼 집을 지었다.

2 단차는 직선형 법면 구배 경사로 구분하였다. 오래도록 다져진 자연 지형인지라 되도록 그 형태를 살리는 방향으로 건축물이 계획되었다.

3 집이 일자로 길어진 이유는 단순하다. 주어진 지형을 최대한 경제적이고 효율적으로 활용하기 위함이다.

건축주는 주말에 양가 어른들과 함께 가족행사를 열 수 있는 힐링의 공간이자, 퇴직과 자녀들의 결혼 후 만들어질 새로운 가족들과의 추억을 만들 제 3의 고향을 원했다.
높은 천장의 단층주택으로, 외관이 단조롭지만 모던한 개성을 가지는 집. 공간에 있는 사람들의 사생활이 보호되고, 주변의 숲과 자연, 밝은 빛이 한 눈에 들어오는 동남향의 집일 것. 지역사회에서 청년, 문화예술 활동을 이어갈 자녀의 동료와 후배들의 공부 모임과 휴식의 장소가 되었으면 한다. 산 아래, 옆으로 긴 모양의 땅이다. 텃밭이 있는 낮은 땅 뒤편의 높은 땅에 집을 만들었다. 주변 산세는 마당 조경과 나지막한 돌담과 잘 어우러진다. 경제적인 방법으로 주어진 땅을 효율적으로 경영하는 것. 그러면서 열린 마음을 가진 건축주의 가정에 걸맞는 오늘날의 사회 구조를 담는 것. 통상의 집은 '현관 – 거실 – 침실' 순으로 방에 다다르는데, 이는 큰 원(사회) 안에 속하는 작은 원들(가족, 개인)로 이해되는 전근대 사회 가족 구조와 닮았다. 중심과 중심 바깥이 위계를 가지는 구조. 그 방식을 공간으로 조직하는 방식에서 벗어나고 싶어 긴 집을 만들었다.
같은 면적으로 볼 때 풍경을 길게 마주한다. 높이와 넓이, 깊이가 다른 외부공간을 수평으로 이동하는 것만으로 다양하게 체험할 수 있다. 주변 지형 높낮이가 다르고 바깥 풍경이 다르기 때문이다. 그 복도 끝이 열려 있기 때문이기도 하다.

3

긴 형태로 인해 입구부터 사랑채까지 공간에 쓰임도 달라지는데, 필요한 정도의 거리감이 작동한다고 할 수 있다. 그럴 때마다 중정이나 큰 창이 사이에 끼어들어 면하는 부분마다 다른 성격을 부여한다. 복도에 방들이 달려있는 모양새로, 방들의 관계는 수평적으로 이어진다. 거실과 주방도 하나의 방으로 복도에 붙어있을 뿐 따로 집을 장악하는 중심 실로 존재하지 않는다. 복도는 원하는 방들을 자유롭게 연결하고, 창과 문이 있어 풍경과 기능을 상황에 맞게 확장한다. 거주자의 방 선택에 따라 한 집 안에 여러 생활 양식이 조직될 수 있는 열린 사회구조를 지향한다고 말할 수 있다.
경사지 입구에 큰 바위가 있었다. 맞은편에 묻혀 있던 다른 바위를 원래 있던 바위와 마주 보도록 세우면 개방된 대문이 될 것 같아, 건축주가 직접 시공 소장에게 부탁했다. 원래 있던 마을에 시골 생활이 익숙지 않은 건축주 부부가 외지인으로 들어와 고립될 수 있다는 생각에 도로 쪽에 담을 만들지 않았는데, 이처럼 대문을 따로 두지 않기로 했지만 우연히 개방적인 대문이 만들어진 셈이다. **글 · 일구구공도시건축 건축사사무소 / 사진 · 남궁선**

4 현관에 서면 큰 창 너머 마을길과 풍경이 펼쳐진다. 가로 막은 줄 알았던 긴 집은 끊고 늘려 틈을 만들었다. 그 사이로 안과 밖의 풍경이 파노라마처럼 관통한다.

5 실내를 오가는 주출입구는 후면에 두었다. 이와 함께 주택과 평행선으로 길게 늘어선 마당은 낮은 키 높이의 담장을 두어 구역별로 경계를 나누었다.

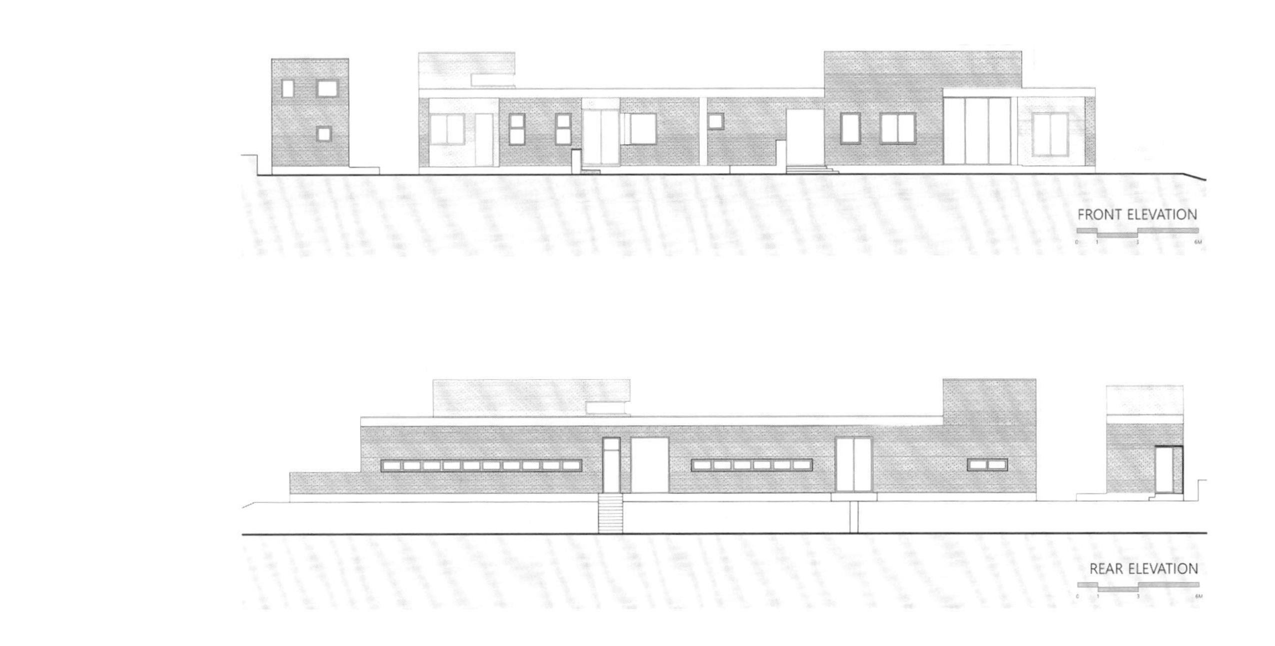
FRONT ELEVATION
REAR ELEVATION

5

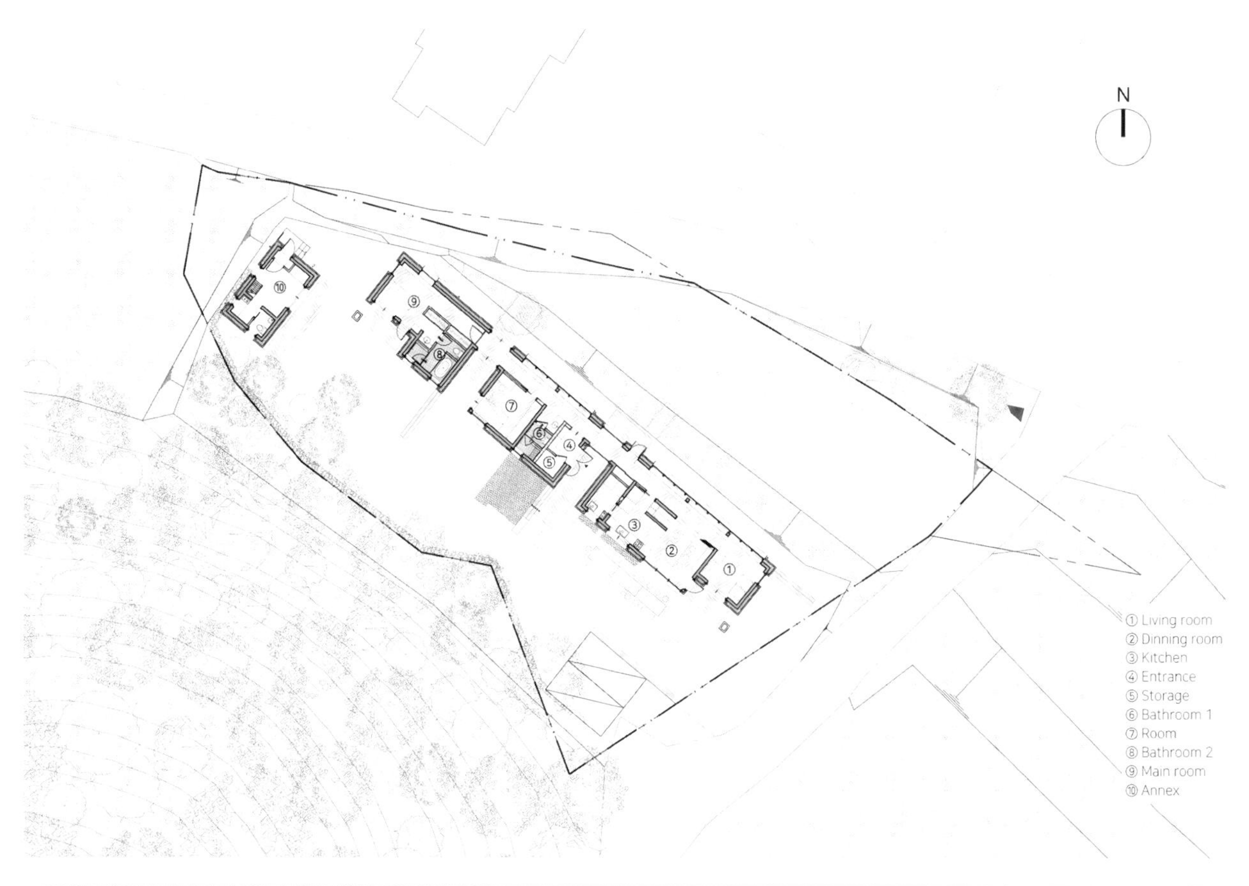
N
① Living room
② Dinning room
③ Kitchen
④ Entrance
⑤ Storage
⑥ Bathroom 1
⑦ Room
⑧ Bathroom 2
⑨ Main room
⑩ Annex

6

6 대지의 형태에 순응하여 길게 놓인 집은 내부에 들어서면 막상 의외의 공간이 펼쳐진다. 약 30m에 이르는 긴 복도를 따라서 가족의 공용 공간과 개인 공간이 개별적으로 나눠진다.

7 주방 상단에 높은 천장고를 이용해 만든 다락 공간. 아들들이 서재로 활용하고 있는데, 외부 창을 열고 나가면 주택 지붕 위 단열을 위해 쇄석을 깔은 가운데, 아담한 데크에 외부 테이블을 두었다.

8 주방과 이어지는 응접실 겸 식당 공간. 자연 채광으로 인해 밝은 분위기에 곡선으로 된 천장이 인상적이다.

9 긴 복도 끝에 별도의 문을 열고 들어서면 나오는 건축주 부부의 침실. 역시나 세로로 긴창을 두어 외부 풍경을 내부로 끌어들인다.

10 복도를 따라 양쪽으로 펼쳐지는 긴 창을 통해 주변의 경관이 그림처럼 창에 걸린다. 창의 높이와 넓이, 원근감이 달라지는 주변 경관으로 인해 수평으로 이동하면서 색다른 풍경을 감상할 수 있다.

11 침실에 들어서는 복도에 긴 수납장을 두었고, 그 안쪽 공간에는 편리하게 사용할 수 있는 욕실을 배치하였다.

곤지암 주택, 품
땅과 사람을 품은 집

©홍석규

HOUSE PLAN

대지위치 : 경기도 광주시 | **대지면적** : 977.0m2(295.54평) | **건물규모** : 지상 1층 | **건축면적** : 188.98m2(57.16평) | **연면적** : 188.98m2(57.16평) | **건폐율** : 19.34%(법정 40% 이하) | **용적률** : 14.33%(법정 100% 이하) | **구조** : 기초 – 철근콘크리트 매트기초, 줄기초 / 지상 – 내·외벽 : 경골목구조, 2×6 S.P.F 구조목, 지붕 : 2×10 구조목 / 주차장 – 벽 : 경골목구조 2×6 S.P.F 구조목 + 철골 H-150×150×6×9 4본, 지붕 : 구조목 2×12 + 철골 H-150×150×6×9 | **최고높이** : 5.55m | **주차** : 2대(법정 1대 이상) | **단열재** : 외벽 – 중단열 수성연질폼 140mm 발포 + 외단열 비드법단열재 2종3호 60mm(네오폴) / 내벽 – 그라스울 24K / 지붕 – 수성연질폼 240mm 발포 | **외부마감재** : 외벽 – STO 외단열시스템 등 / 지붕 – 컬러강판 | **창호재** : 이건창호 70mm,185mm PVC 시스템창호 35mm 삼중 양면 강화로이유리(아르곤가스 충전) | **철물하드웨어** : 심슨스트롱타이 | **에너지원** : LPG | **조경석** : 현무암 판석, 차돌, 청고벽돌 | **조경** : 그린조경 | **토목** : 진성토목 | **구조설계** : 두항구조엔지니어링 | **시공** : 케이에스하우징 | **설계** : 조한준건축사사무소 http://the-plus.net

INTERIOR SOURCE

내부마감재 : 벽, 천장 – 신한벽지(실크) / 바닥 – 동남마루 제누스원목마루 | **욕실 및 주방 타일** : 새론바스 수입 타일 | **수전 등 욕실기기** : 더존테크 수입 수전, 새턴바스 욕조, 아메리칸스탠다드 도기 | **주방 가구 및 붙박이장** : 마비 가구연구소 | **조명** : 유로세라믹 비타조명, 을지로 프라하라이팅 | **계단재** : 오크 계단 집성목 | **현관문** : 성우스타게이트 LSFD-8500 | **중문·방문** : 예림도어 YSL-100, 예림도어 YG-111(완자살), 예림 ABS도어, 자작문 | **데크재** : 방킬라이 | **커튼** : INT(아이앤티) 패브릭

오랜 고민 끝에 실행에 옮겼지만, 곧바로 위기가 찾아왔다.
모든 것을 포기하려다 마음 맞는 건축가를 만나 이를 극복하기까지.
그 힘들었던 1여 년의 집짓기 과정이 궁금하다.

1

2

3

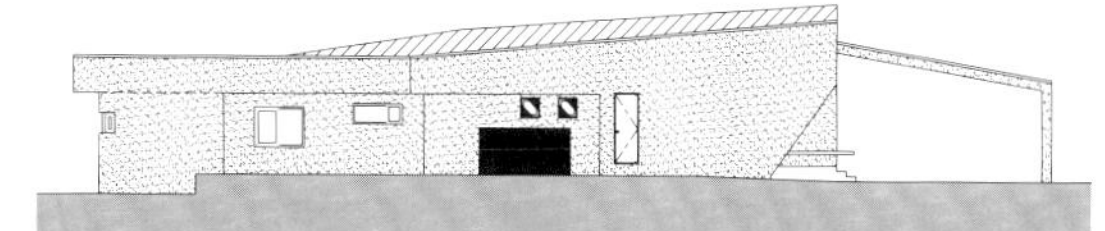

1 대지 위 넓게 펼쳐진 건물이 주변 산세 풍경과 하나인 듯 잘 어우러진다.

2 부부의 단란한 모습. 집을 짓고 매일 할 일은 많아졌지만, 웃음만큼은 더 늘었다.

3 경사 도로에서 바라본 집의 모습

집을 짓겠노라고 찾아온 건축주는 비교적 일찍 출가한 두 아들을 둔 50대 중후반의 부부였다. 이들은 당시 아파트에 살고 있었지만, 남은 생애는 서울 근교에 집을 지어 출퇴근에 무리 없고 도시 생활에도 불편이 없는 전원 속의 삶을 즐기고자 했다. 그렇게 집짓기 도전이 시작되었고, 우연히 이 땅을 찾았다. 건축주와의 첫 번째 상담 후 다음 만남은 집이 들어설 대지에서 이루어졌다. 땅은 경사 도로인 진입 레벨에 맞춰 지반이 형성되어 있었다. 흙을 성토하여 가둔 석축은 어설프게 쌓여 있고, 돌들이 이리저리 굴러다녔다. 사연인즉슨 이러했다.

처음 부부는 설계와 시공을 함께 해주는 업체를 통해 집을 지으려 했고, 몇 군데 알아보다 한 업체와 서둘러 계약했다. 도심지와 달리 전원에 집을 지을 땐 대부분 전용허가와 개발행위허가를 받아야 한다. 이 허가들은 건축신고 및 허가와 동시에 접수되므로 일단 아무 집이나 앉힌 상태로 허가를 득하고 추후에 설계 변경을 하려 했다고 한다. 어차피 대지가 조성되려면 토목공사가 선행되어야 하니 건물의 설계는 좀 미뤄도 된다 생각했던 모양이다. 한데, 믿었던 업체는 상당 금액의 공사비를 이미 받았음에도 불구하고 제대로 된 설계 협의 없이 인터넷에서 흔히 볼 수 있는 짜깁기한 도면을 내놓았다. 그러다 언제부턴가 연락마저 끊겼다. 토목공사는 하다만 듯 널브러진 채로. 어렵게 결심한 집짓기는 시작하자마자 난관에 부딪혔다. 금전적인 손실뿐만 아니라 사교적이고 사람을 좋아하는 부부의 마음에 큰 상처로 남았다. 결국 공사가 중단되고 다 포기하려던 순간, 지인의 소개를 받아 우리 사무소와 연이 닿았다. 다시 설계부터 차근차근 시작해야 했다. 이 프로젝트를 통해 두 사람의 다친 상처를 보듬어주고 싶었다.

대지는 진입로에 들어서는 동안 '이런 곳에도 집을 짓나?'라는 생각이 들 만큼 산기슭까지 거슬러 올라가는 곳에 위치했다. 주변에는 신경 써서 지은 집들이 군데군데 놓여 있고, 집이 세워질 장소는 도로가 북측에 면해 있는 비교적 넓은 땅이었다. 반대쪽 땅 끝자락에는 낮은 야산이 땅을 에워싸고 있어 건물의 배치에 따라 외부 공간은 주위에 과시할 만한 마당이 될 수도 있고, 집주인만이 누릴 수 있는 사적인 공간이 될 수도 있을 것 같았다. 도심지나 주택단지로 조성된 택지와는 달리 이런 땅들은 흙의 성토나 절토를 통해 땅을 만질 기회가 있는데, 기존 땅에서 읽히는 잠재성 같은 것을 최대한 끌어내다 보면 집의 배치와 모양이 결정된다.

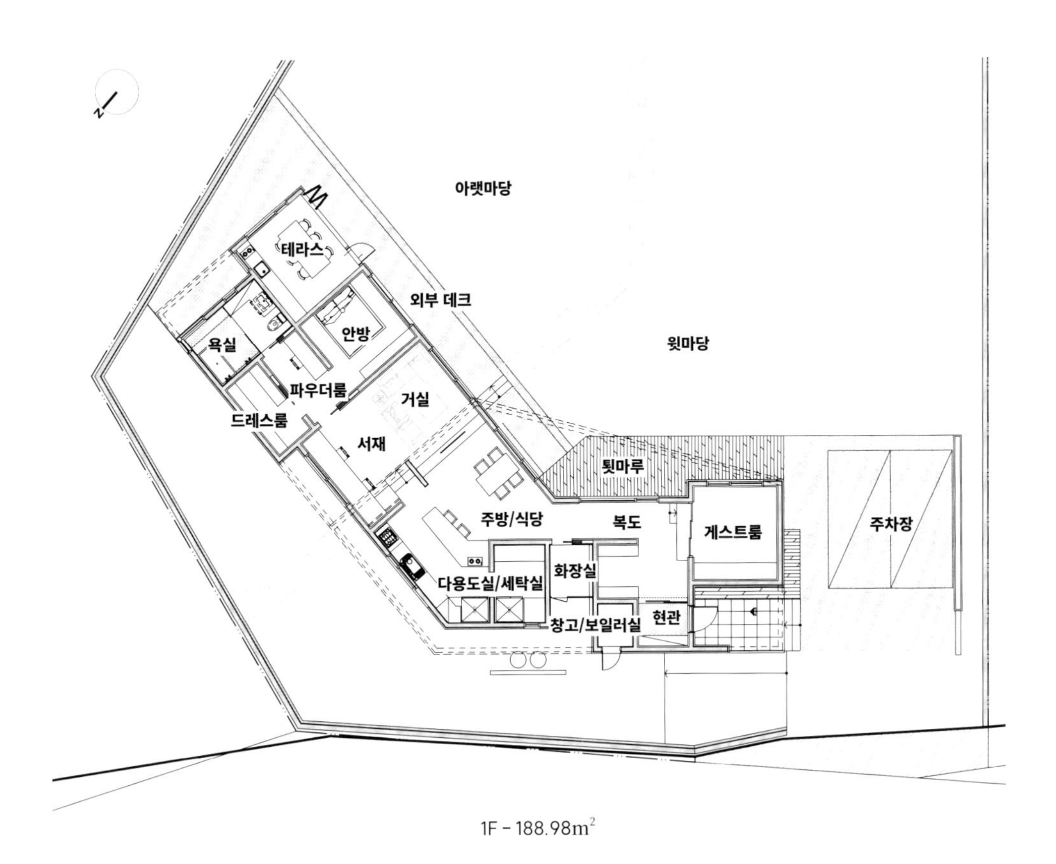

1F - 188.98m²

4 입구 쪽에 마련된 게스트룸. 전통미가 느껴지는 미닫이문이 인상적이다.

5 주방에는 상부장 대신 선반을 설치해 답답함을 줄이고, 별도의 다용도실을 두어 수납을 해결했다.

6 한 번의 고비가 있었지만, 잘 견뎌낸 덕분에 지금의 집을 만날 수 있었다며 웃어 보이는 건축주 부부

경사 도로면을 따라 바로 진입할 수 있는 마당과 내부에서 바로 마주할 수 있는 마당으로 나눠 단차를 두면 넓은 외부 공간을 유용하게 쓸 수 있고, 인접한 토지와 옹벽의 높이차를 낮출 수 있을 듯했다. 마당의 단차는 자연스레 집 내부에도 만들어져 공간의 변화와 개방감을 확보하고, 벽으로 나누어지지 않았지만 공간의 성격 또한 구분된다. 현관으로 들어와 긴 복도를 따라가다 보면 남쪽의 큰 창을 통해 안마당과 주변 풍경을 바라볼 수 있어 집 안의 산책로로 손색없다. 눈에 보이는 풍광은 자연이 집을 품고 있음을 깨닫게 한다. 집은 두 팔 벌려 마당을 감싸 안은 모습이다. 도로를 따라 오르면서 보이는 집은 뒷모습이기에 단층으로 펼쳐진 집이 마당을 보여주지 않는다. 얼굴이 궁금하면 안으로 들어와서 보라는 것 같다. 주차장으로 진입했을 때 마당이 드러나고 야산이 병풍처럼 에워싸고 있는 모습은 방문객의 궁금증을 해소해 준다. 집 뒤쪽 먼 원경에는 산들이 있지만, 지붕의 선이 산의 선을 거스르지 않는다. 겨울 추위가 매섭고 습한 지역적 특성을 고려해 성토량을 늘려서라도 땅의 지반을 높였다. 단열이 우수하고 기밀한 창호 시공이 용이한 경골목구조로 택하고, 벽체의 중단열을 수성연질폼으로 촘촘하게, 외부는 네오폴 비드법단열재를 추가로 설치한 뒤 스토(STO)로 마감했다. 입자의 굵기가 굵어 외관은 콘크리트 주택처럼 보이기도 한다. 공사가 마무리될 무렵, 건축주에게 즐거운 숙제를 주었다. 내부 마감재에 대한 기준과 스펙 북을 제공하고 가이드라인에 따라 부부가 각 공간에 들어갈 자재를 직접 쇼핑할 수 있도록 했다. 이 과정에서 부부는 집이 지어지는 내내 기대감과 즐거움을 내비쳤다.

4

5

6

©홍석규

7

8

7 대지의 단차가 내부에서도 고스란히 전해진다.

8 주방과 다이닝 공간의 아래쪽으로 배치된 거실

9 현관 중문 옆 수납장과 정원 풍경과 맞닿은 긴 복도 공간

10 가장 안쪽에 놓인 부부 침실과 파우더룸 및 욕실. 모두 하나의 동선 위에 놓여 이동의 편의를 도모했다.

집을 짓기까지 많은 우여곡절을 겪었고 상처도 받은 두 사람. 집을 짓지 못할 뻔도 했지만, 그 상처를 치유하려면 오히려 다시 도전해 결실을 보는 공사가 마무리될 무렵, 건축주에게 즐거운 숙제를 주었다. 내부 마감재에 대한 기준과 스펙 북을 제공하고 가이드라인에 따라 부부가 각 공간에 들어갈 자재를 직접 쇼핑할 수 있도록 했다. 이 과정에서 부부는 집이 지어지는 내내 기대감과 즐거움을 내비쳤다. 집을 짓기까지 많은 우여곡절을 겪었고 상처도 받은 두 사람. 집을 짓지 못할 뻔도 했지만, 그 상처를 치유하려면 오히려 다시 도전해 결실을 보는 수밖에 없었을 것이다. 건축가와 나눈 집에 대한 이야기와 시공자와의 소통, 집을 짓는 과정을 통해 모든 것이 아물었다. 이름처럼 따뜻하게 보듬어줄 수 있는 어머니의 '품' 같은 집에서 부부가 계획했던 은퇴 이후의 새로운 삶이 풍요롭게 시작될 것 같다. 글 · 조한준 / 사진 · 변종석, 홍석규(호엔지포토)

어느 노부부의 세 번째 집

용인 사암리 주택

HOUSE PLAN

대지위치 : 경기도 용인시 | **대지면적** : 349m^2(105.57평) | **건물규모** : 지상 1층 | **거주인원** : 2명(부부) | **건축면적** : 115.34m^2(34.89평) | **연면적** : 115.34m^2(34.89평) / 다락 - 13.03m^2(연면적에 비포함) | **건폐율** : 33.05% | **용적률** : 33.05% | **주차대수** : 2대 | **최고높이** : 5.6m | **구조** : 기초 - 철근콘크리트 매트기초 / 지상 - 벽 : 경량목구조 외벽 2×6 구조목+내벽 S.P.F 구조목 / 지붕 - 2×8 구조목 | **단열재** : 그라스울, 비드법단열재 2종2호 | **외부마감재** : 벽 - 스터코 / 지붕 - 알루미늄징크 | **내부마감재** : 벽 - 합지 벽지 / 바닥 - 이건원목마루 | **욕실 및 주방 타일** : 윤현상재 수입타일, 강타일(용인시) | **수전 등 욕실기기** : 콜러, 대림 | **주방가구** : 샤인 | **조명** : Linno, Muuto, 을지로 메가룩스 | **계단재·난간** : 애쉬판재 + 철제튜브 손스침 난간 | **현관문** : 이건도어 | **중문** : 이건라움 슬라이딩도어 | **방문** : 영림도어 | **데크재** : 방킬라이 19mm | **담장재** : 철근콘크리트 위 스터코 또는 페인트 | **창호재** : 이건창호 알루미늄시스템창호 | **철물하드웨어** : 허리케인타이 | **에너지원** : LPG | **조경** : 건축주 직접 시공 | **전기·기계·설비** : (주)태인엠이씨 | **시공** : 건축주 직영 | **설계·감리** : BHJ 건축사사무소 www.bhj-architects.com

어느덧 칠십에 가까운 나이. 하고픈 일은 망설이지 않았고,
여행도 원 없이 다녔더랬다. 유명 건축가의 작품으로 불리던 집에서
음악은 언제나 볼륨을 최대로 높여 들었다.
세월이 흘러 삶의 후반에 접어든 지금.
부부가 마침내 다다른 곳은 아늑한 다락이 있는 단층집이다.

1

2

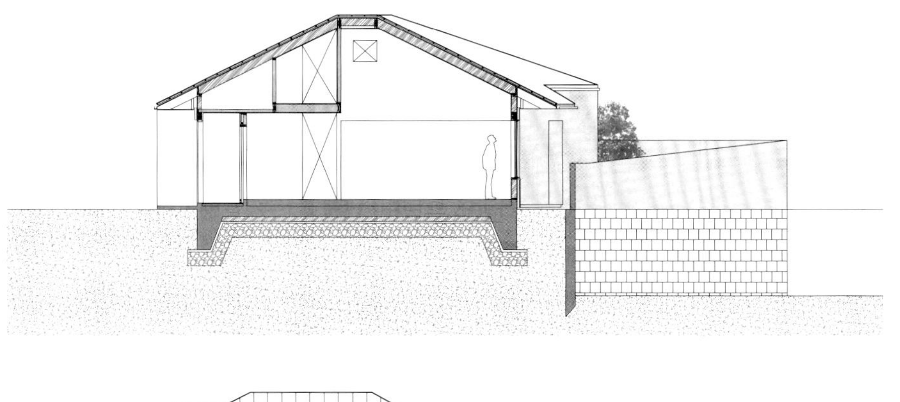

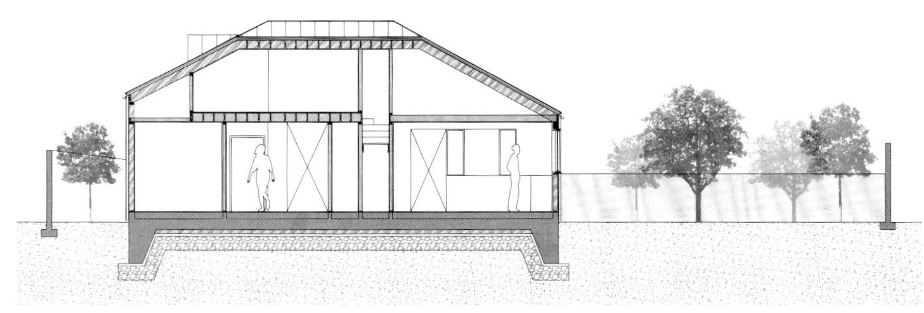

1 도로에서 바라본 주택의 정면. 흑갈색 알루미늄 징크와 스터코로 마감해 통일감을 주었다. 담장은 행인의 시선이 닿지 않는 높이로 하고, 창을 최소화했다.

2 대지를 따라 담장이 낮아지며 주변 풍경을 향해 열린 마당과 주택의 모습. 담장에는 지붕과 같은 소재의 두겁을 둘러 관리의 수고를 덜고 디자인적 효과도 냈다.

3 빨래를 널거나 버섯, 나물을 말리곤 하는 남쪽 테라스. 처마를 길게 내어 뜨거운 햇볕을 가려주었다.

칠십 가까운 나이에 세 번째 집을 지었다. 놀러 온 손님들은 "고것 참 옴팡지다"고들 한다. 범상치 않은 초콜릿색 주택의 첫인상은 높은 담장 위로 지붕만 살짝 내비치는 모습. 앞을 지나는 사람들은 도대체 그 속이 궁금해지기 마련이다. 사실, 이곳은 동네에서 가장 안 좋은 땅으로 불렸다. 나비 모양처럼 생긴 부정형의 대지라 집을 앉히기 애매했던 것. 하지만 이는 오히려 설계 디자인의 출발점이 되었다. 대지 폭이 가장 좁은 중앙 부분을 기준으로, 콤팩트하게 설계한 주택을 한쪽에 배치함으로써 마당을 최대한 확보했다. 방향에 따라 높낮이를 달리한 콘크리트 담장은 집을 중심으로 대지를 감싸고 돌며 후원, 테라스, 마당 등 다양한 외부 공간을 만든다. 안으로 들어가면 현관을 중심으로 동쪽에 침실과 욕실이, 서쪽에 거실과 주방, 정원이 놓여 하루 일과와 태양의 동선이 집에 고스란히 담긴 모양새다. 천장이 높아 시원한 거실과 'ㄷ'자로 넉넉하게 구성한 주방은 남쪽과 서쪽으로 열려 환하다. 손주들이 놀러 왔을 때를 대비해 마련한 작은 다락은 거실과 통하는 작은 창을 내어 연결 통로이자 환기구가 되어 준다. 집 안 곳곳엔 동서양의 스타일, 앤티크와 모던 디자인이 자연스럽게 어우러진다. 상반된 느낌들이 스스럼없이 공존하는 집. 작지만 넉넉하고, 한가롭고도 알찬 집이 건축주 부부의 성격을 쏙 빼닮았다.

4 손님을 초대하고 대접하기를 좋아하는 부부의 일상이 그대로 담긴 주방과 다이닝 공간. 거실과 하나로 이어진다.

5 시원한 공간감의 거실. 한식 덧창을 달기 위해서 창호를 최대한 바깥쪽으로 설치하고, 창 외부에는 빗물이 스미지 않도록 알루미늄 징크 프레임을 둘렀다.

5

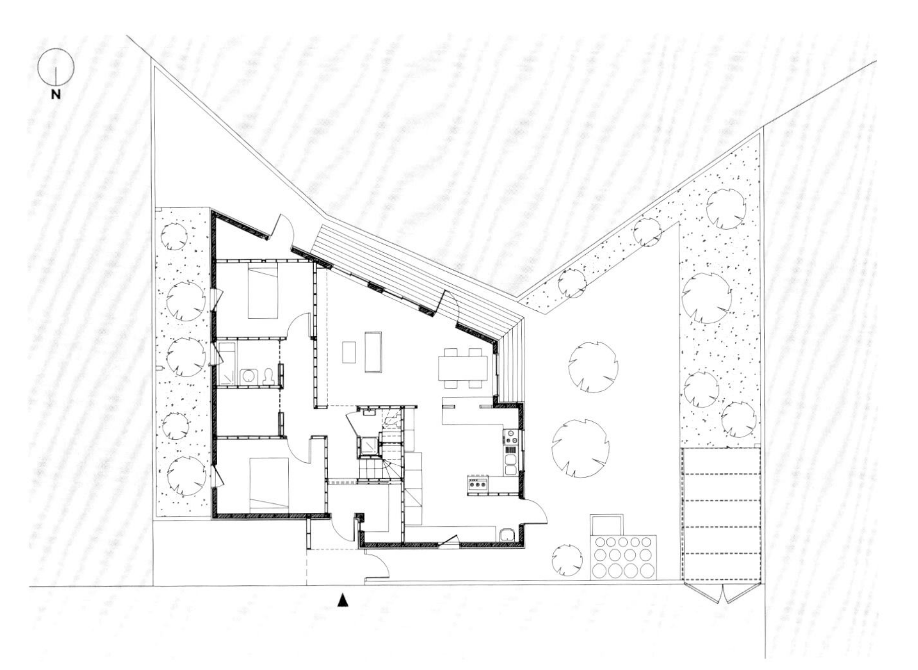

6 메인 욕실은 산뜻하고 화사한 색감의 타일이 이국적인 분위기를 풍긴다.

7 지붕창 너머의 빛이 다른 쪽 창을 통해 거실까지 전달되는 다락방. 벽에는 자녀들이 태어나고 성장하는 동안 가족의 모습을 담은 사진들이 빼곡히 걸려 있다.

8 주방은 아내의 개인 공간이기도 하다. 공간을 분리하되 창을 내어 음식 준비를 하면서도 거실, 다이닝 공간에 있는 손님과 이야기를 나눌 수 있게 했다.

여러 마당을 가진 달팽이 집

집은 언뜻 단순해 보이지만, 꽤 독특한 구조를 가진다. 주택 외벽과 담장이 모호한 경계를 가지며, 대지를 한 바퀴 도는 달팽이 같은 모습이다. 프라이버시 보호를 위해 사람 키 높이에 맞춘 북쪽 담장은 남쪽으로 갈수록 점차 낮아져 주변 풍경을 가득 펼쳐 보여 준다. 담장이 본래 위치로 되돌아오는 지점에는 담장과 주택 외벽 사이로 좁은 입구가 있다. 그 너머 마당엔 장독대와 작은 가마솥이 자리하고, 동쪽 침실 창 너머로는 아침 햇살이 눈부신 작은 후원이 반긴다. 담장을 낮춘 정남향 쪽에는 뜨거운 볕을 피해 처마를 길게 내고 거실 창에 덧창을 달았다. 부엌에서도 시선이 닿는 창마다 마당과 산 풍경이 담긴다.

7
8

누군가 내게 단층집을 짓겠다면

건축가에게 설계를 맡기는 데 부담을 느껴선 안 된다고, 부부는 누누이 말한다. 단층집의 진정한 매력은 땅과 가장 가깝게 만나는 주거형식이라는 데 있다. 집과 땅 사이에 얼마나 개성 있고 친밀한 관계를 형성하느냐가 그 집의 성격을 결정한다. 이 과정에는 반드시 '건축가'라는 전문가가 필요하다. 대지 조건이 쉽지 않을수록 그 중요성은 더더욱 강조된다. 앞서 2번의 집짓기로 전원주택에 23년 이상 살았던 터라 훈수 아닌 훈수를 놓았을 법도 한데, 부부는 설계 과정에선 늘 선을 지켜왔다. 소통은 적극적으로 하되, 건축가의 설계 콘셉트를 존중하는 것. 이것이 바로 부부가 전하는 집짓기 비결이다. 무엇보다 합이 잘 맞는 건축가를 만나야겠지만 말이다. **사진 • 변종석**

9 다양한 스타일의 소품이 이질감 없이 조화를 이루는 주방에선 건축주의 취향을 엿볼 수 있다.

10 중후하면서도 고풍스러운 멋이 있는 남편의 방.

11 주방 가장 안쪽 다용도 공간. 마당 수도와 바로 연결되는 동선으로, 세탁실을 겸하는 살림 공간이다. 창에는 담장 너머 산과 하늘의 풍경이 액자처럼 담긴다.

12 늘 그렇게 살아왔듯, 부부는 여전히 좋아하는 음악을 크게 틀어놓고 함께 시간을 보낸다. 누구의 눈치 볼 것도 없는 전원에서의 삶이, 자신의 존재를 드러내기보다 풍경 속 잔잔하게 자리하는 이 아담한 집이 더없이 좋은 나날이다.

12

기억과 인생을 다시 짓다

고성 으뜸바우집

HOUSE PLAN

대지위치 : 경상북도 영주시 | **대지면적** : 1,299m2(392.95평) | **건물규모** : 지상 1층 | **거주인원** : 2인(부부) | **건축면적** : 186.64m2(56.46평) | **연면적** : 172.72m2(52.25평) | **건폐율** : 14.37% | **용적률** : 13.30% | **주차대수** : 2대 | **최고높이** : 6m | **구조** : 기초 - 철근콘크리트 매트기초 / 지상 - 철근콘크리트 | **단열재** : 비드법단열재 | **외부마감재** : 노출콘크리트 위 발수 코팅, 공간세라믹 이형벽돌 | **창호재** : 살라만더 PVC 삼중창호 | **에너지원** : 대성 지열에너지 | **설계** : 건축사사무소 엔씨에스랩 홍성용, 신경훈, 유재윤 www.ncsarchitect.com | **시공** : 건축주 직영(시공소장 임대광)

INTERIOR SOURCE

내부마감재 : 벽 - 포세린 타일, 자작나무 합판 / 천장 - 자작나무 합판 / 바닥 - 대리석 타일 | **욕실·주방 타일** : 홈세라믹스 최중식 수입타일 | **수전·욕실기기** : 아메리칸스탠다드 | **주방가구** : 주문제작 | **계단재·난간** : 이페목, 평철난간 | **현관문** : 우드플러스 | **데크재** : 이페목

느닷없는 산불은 순식간에 노부부의 집을 집어삼켰다.
기억이 담긴 모든 것이 사라졌지만, 다시 시작할 수 있음에 감사하며
새로 지은 집. 나지막한 단층집은 정갈하고
단정한 모습으로 지난 기억을 보듬는다.

2019년, 미국에 있는 지인으로부터 갑작스러운 연락을 받았다. 집 설계 관련 질문이었다. 사연을 들어보니 본인의 장인, 장모를 위한 집 이야기였다. 느닷없는 화재로 집이 홀라당 사라졌다는 것이다. 낡은 변압기에서 시작된 강원도 고성의 산불은 어르신들이 귀향해 남은 시간을 보내려 했던 집을 완전히 태워버렸다. 난데없는 날벼락이었다. 얼마 뒤, 미국에서 잠시 귀국한 지인을 만나 같이 고성으로 향했다. 현장은 초입부터 그야말로 처참했다. 인근의 바우지움 미술관 주변을 감싸고 있던 낙락장송들이 새까맣게 타버린 채로 숲을 이루고 있었다. 마을 안으로 들어설수록 다가오는 참혹함은 이루 말할 수 없었다. 여기저기 시커멓게 타버린 집, 녹아내린 지붕과 무너진 흔적들, 재만 남겨진 온갖 가재도구들. 갑작스러운 화재는 집과 물건을 태운 것뿐만 아니라 수많은 기억과 추억의 흔적들까지 송두리째 앗아갔다. 70대 중반의 노부부는 몸만 빠져나오느라 집 안의 물건을 하나도 건사하지 못했다.

1 2019년 산불로 재가 되어버린 집.

2 멀리 바라보이는 설악산의 울산바위와 으뜸바우집. 집의 이름은 울산바위를 지칭하기도 하는 '으뜸가는 바위'라는 뜻의 마을 이름 '원암리'에서 따왔다.

3 해 질 무렵 바라본 사랑채. 열린 툇마루와 창 너머로 따스한 빛이 스며 나온다.

젊은 시절부터 하나씩 모아왔던 그림이나 도자기, 작은 공예품들과 여행길마다 수집했던 모든 것들이 전부 재가 되어 버렸다. 무엇보다 안타까운 것은 사진과 비디오 등 아이들과 함께 남겨두었던 흔적까지 모두 사라진 것이다. 수십 년을 서울에서 생활하다 은퇴 후 고향 근처인 고성에서 살기로 하고 주말마다 틈틈이 와서 다듬고 가꾼 집이라고 했다. 그러다 건강을 이유로 2018년 서울살이를 정리하고 이곳에 온전히 자리 잡았다. 그런데 아뿔싸, 모든 것이 한순간에 사라지다니. 그 심정이 그대로 전달되었다. 고민하던 두 분은 그래도 공기 좋은 이곳과 오랫동안 가꿔온 조경에 대한 애착이 남아 집을 다시 짓기로 했다.

4 대청마당의 바람길. 안쪽에 사랑채로 들어가는 현관문이 있다.

5 툇마당을 바라볼 수 있는 대청마당 공간.

6·7 사랑채의 툇마루에는 필요에 따라 여닫을 수 있는 덧창이 있다. 덧창을 완전히 열면 안채로부터의 시선을 차단해주는 벽이 된다.

5

6

7

DIAGRAM : 기억·형태·모양새

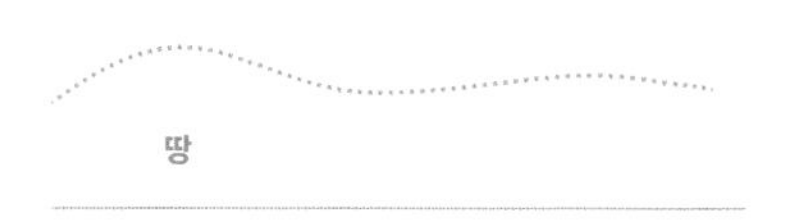

기존 집터 위에 집을 짓는 행위
→ 기억을 저장하다.

만들어진 땅

생활

땅

새로운 땅과 기존 터 사이에 공간을 만들어 생활을 집어넣다.

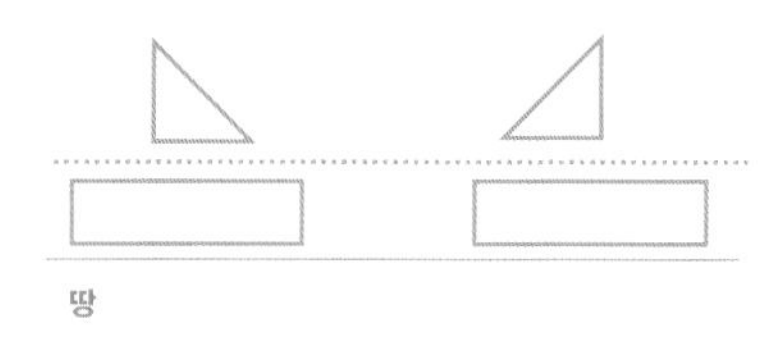

생활의 크기를 정하고, 산(울산바위)을 담다.

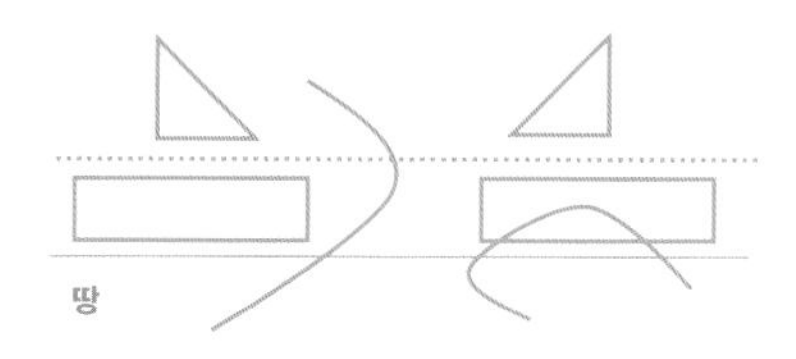

재미와 자연을 엮다.

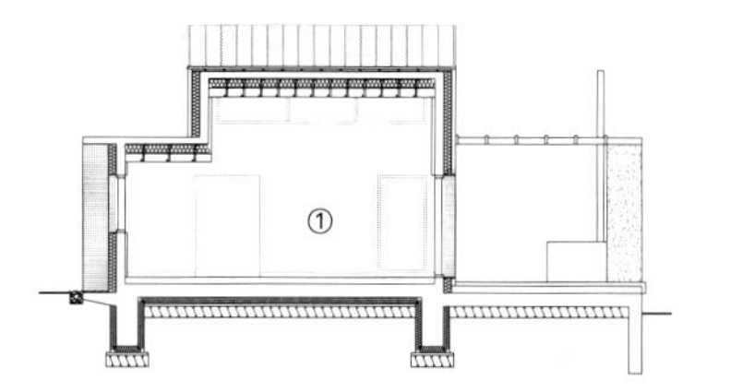

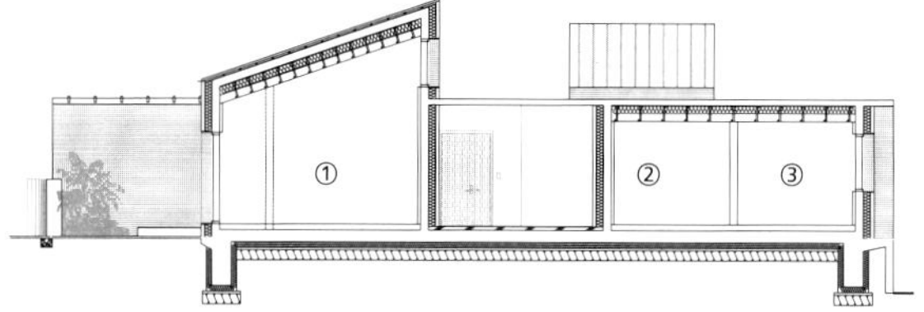

SECTION

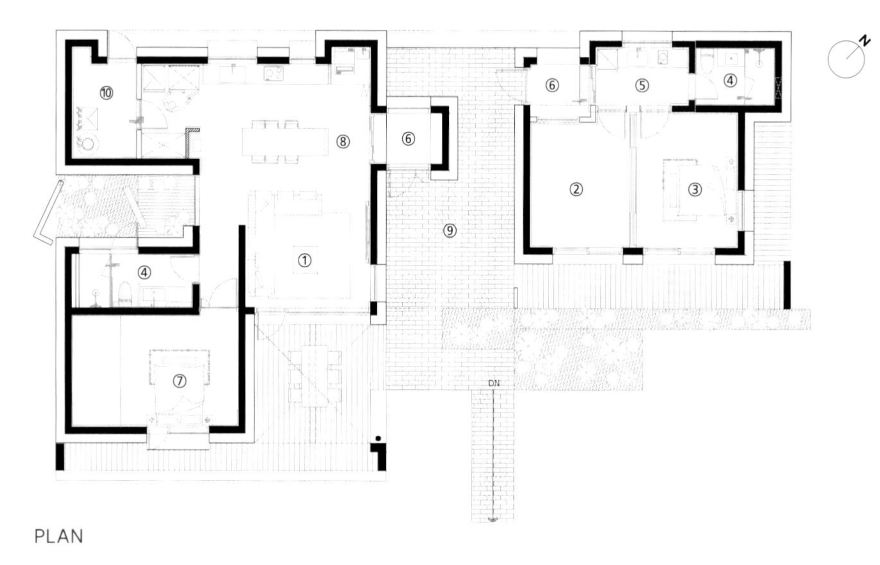

① 거실 ② 기도실 ③ 침실
④ 화장실 ⑤ 간이주방
⑥ 현관 ⑦ 안방 ⑧ 주방/식당
⑨ 대청마당 ⑩ 지열보일러실

PLAN

1F - 172.72M²

8 건축의 줄 나눔을 안으로 들인 안채의 내부. 높고 경사진 천장의 거실에는 안방과 화장실을 분리하는 가림벽을 세웠다.

첫 만남에서 노부부는 소박하고 단정한 집을 이야기했나. 연세도 있으셔서 관리가 편했으면 한다고 요청했고, 꼭 필요한 생활의 공간들만 남겨두기로 했다. 어릴 적 경험했던 한옥의 편안함과 포근함을 그리워하는 두 분과 대화하며 편안한 집을 설계하기로 방향이 잡혔다. 넓은 대지는 단층집을 짓는데 충분했고, 직접 가꾸어 오신 조경을 벗삼아 집 어디에서도 조경을 바라볼 수 있도록 했다. 집의 구성은 말 그대로 기능에 충실하게 최소한의 단위 공간을 만들었다. 내부는 한옥처럼 넓은 마루를 깔고, 거실은 대청마루처럼 바닥을 높이고 경사지붕을 드러냈다. 마감은 자작나무 합판으로 하여 나뭇결의 편안함을 더해주었다. 최소한의 필요 기능으로 구성한 안채는 각 공간이 본 기능에 충실하되 감성적 경험의 극대화를 이끌어 내도록 했다.
안방은 잠을 편하게 자기 위해서 침대 외 공간을 절제해 단출하게 꾸렸다. 아주 가끔 손님이 오기 때문에 안방 욕실을 공용화했지만, 실제는 거의 개인 공간이다.

9 욕실과 거실에서 창 너머로 보이는 작은 정원.

10 현관에서 바라본 사랑채 내부. 건축의 단정함이 고스란히 담겼다.

11 중첩된 창과 덧창 너머로 투과되는 사랑채 풍경이 한옥을 떠올리게 한다.

12 거실과 연결된 주방 겸 식당. 조명을 건축디자인의 한 요소로 사용한 인테리어가 돋보인다.

13 밝은 분위기의 욕실에는 작은 정원을 감상할 수 있는 통창을 내었다.

밝은 화장실과 욕실 개념으로 통창을 두어 외부에서 보이지 않는 작은 정원을 마주하도록 했다. 이곳은 두 분이 가장 좋아하는 공간이기도 하다.
주방은 상부장을 없애서 바깥 풍경을 볼 수 있도록 하고, 수납은 바로 옆에 커다란 팬트리 룸을 두어 해결했다. 거실과 주방은 연결되어 있지만, 잡다한 주방기구가 거실에서 보이지 않게 주방가구 위로 밥솥이나 전자레인지가 올라오지 않도록 디자인했다. 한옥의 안방과 대청마루 사이 '건넛방' 개념을 빌려와, 사랑채는 안채와의 사이에 '대청마당'이라는 사이 공간(바람길)을 두어 구성했다. 가끔 오는 지인이나 자손들이 사랑채에 머물며 독립적으로 생활할 수 있도록 마당을 건너가게끔 분리해준 것이다. 사랑채 역시 실내 어디서나 외부 조경을 바라볼 수 있으며, 상시 생활 공간이 아니어서 한옥의 툇마루를 두고 수직 창살의 덧문을 달았다. 덧문을 열면 안채와 분리되는 벽을 형성하게 되어 각각의 프라이버시를 유지하도록 했다.
사랑채 앞은 화계(花階)를 두어서 다양한 식물들이 수시로 피고 지는 것을 구경하는 낭만적 공간으로 만들었다. 안방 거실 앞은 연장된 거실 개념의 야외 데크 공간으로 구성했다. 난로 공간을 따로 두어 다소 쌀쌀한 날씨에도 야외생활을 즐길 수 있는 공간이다. 길가에 있는 창고건물은 넓은 정원을 가꾸기 위한 창고이기도 하고, 추후 다양한 기능을 수용할 수 있도록 만든 여벌 공간이다. 도로에서 안방으로 향하는 시선을 차단하는 스크린 역할도 한다.
인생을 다시 건축하는 일. 공사를 어떻게 할지 고민하는 노부부에게 직접 시공하시길 권했다. 불타버린 시간에 대한 회복이라고 할까? 압축된 기억을 만들도록 돕고 싶었다. 그래서 60대 후반의 베테랑 시공소장을 소개했다. 건축주와 시공소장 간의 호흡이 잘 맞아서 터를 다지고, 기초와 벽을 세우고 마감을 하는 동안 어렵지 않았다.
마감재를 고를 때도 두 분은 아이처럼 설레는 모습으로 곳곳을 다니며 샘플 사진을 보내왔고, 수시로 시공소장 그리고 나와 함께 의논하고 결정해 나갔다.
공사가 마무리되고 입주한 두 분은 평생에 꼭 한 번 집을 지어보고 싶다던 소원을 이루었다고, 새로운 집에서의 생활이 정말 편안하다고 전해왔다. 꿈을 이루도록 돕는 건축사라는 직업이, 새삼 만족스러운 순간이다. **글 · 홍성용 / 사진 · 김용순**

10

11

12

13

뒷마당에서 바라본 주택의 밤 풍경. 안채와 사랑채 사이, 바람길이 되어주는 대청마당이 있는 주택 구조가 한눈에 들어온다.

자연스러운 변화가 기대되는

양평 시;집

HOUSE PLAN

대지위치 : 경기도 양평군 용문면 | **대지면적** : 344m²(104.06평) | **건물규모** : 지상 1층 | **거주인원** : 2명(부부) | **건축면적** : 86.79m²(26.25평) | **연면적** : 83.99m²(25.40평) | **건폐율** : 25.23% | **용적률** : 24.42% | **구조** : 기초 - 철근콘크리트 매트기초 / 지상 - 경량목구조 외벽 2×6 구조목 + 내벽 S.P.F 구조목 / 지붕 - 2×10 구조목 | **주차** : 1대 | **최고높이** : 5.96m | **단열재** : 인슐레이션 R23, R37 | **외부마감재** : 외벽 - 루나우드, 컬러강판 / 지붕 - 리얼징크 | **담장재** : 호피석 부정형 | **창호재** : 살라만더 82mm 독일식 PVC 시스템창호(에너지등급 1등급) | **에너지원** : 기름보일러 | **조경** : 건축주 직영 | **시공** : 공간하임 | **설계** : 건축사사무소 요하 **www.yohaa.co.kr**

INTERIOR SOURCE

내부마감재 : 벽 - LX하우시스 합지벽지 / 바닥 - LX하우시스 지아마루 Real 콘크리트베이직 | **욕실 및 주방 타일** : 자기질 타일 | **수전 등 욕실기기** : 아메리칸스탠다드 | **거실가구** : PLANTLANCE | **방문** : 예림ABS도어 | **데크재** : 콘크리트 폴리싱

주변의 환경을 해치지 않고, 자연의 재료로 시간의 흐름을 한껏 받아들이고 싶었다. 아름다운 시의 운율처럼 자연스럽게 부유하며 자리하고 있는 집이 탄생했다.

10가구 정도로 구성된 양평의 조그마한 마을에 새롭게 안착한 집. 소박하고 단순한 구조의 단층집은 주변과 잘 어우러지면서도 자신만의 색깔을 은은하게 드러내고 있다. 자연에서 온 재료를 사용해 그 특성을 집 전체에 담고자 했던 건축주는 여러 가지 건축적 요소를 활용하여 '시;집'만이 지닌 자연친화적인 포인트들을 만들어냈다. 건물 외벽의 대부분을 감싸고 있는 목재 마감재가 시;집의 이리한 성격을 직관적으로 보여 준다. 시간이 흐르며 자연 재료에 드러날 자연스러운 변화가 기대되는 외관이다. 경골목구조로 지어진 집은 친환경 자재인 탄화목으로 외벽을 마감했다. 마당 바닥은 자연 재료인 자갈로 마감했고, 이는 데크와 후정까지 연결돼 집 전체를 아우르는 느낌이 든다. 처마 지붕에 홈통을 설치하지 않는 대신 처마선 하부 바닥에 유공관을 깔아 배수를 용이하게 했다. 빗물이 자갈 마당으로 바로 떨어져 자연스럽고 운치 있는 빗소리를 그대로 들을 수 있는 것이 건축주에게는 소소한 행복이다.

1 작은 마을에 위치한 집. 주변 환경에 잘 어우러지는 집을 만들기 위해 단순한 구조의 단층집을 구상했다.

2 통유리로 디자인된 현관문이 카페에 들어서는 느낌을 준다. 유리문을 지나면 내부 공간으로 들어가기 전 전실로 들어서게 된다.

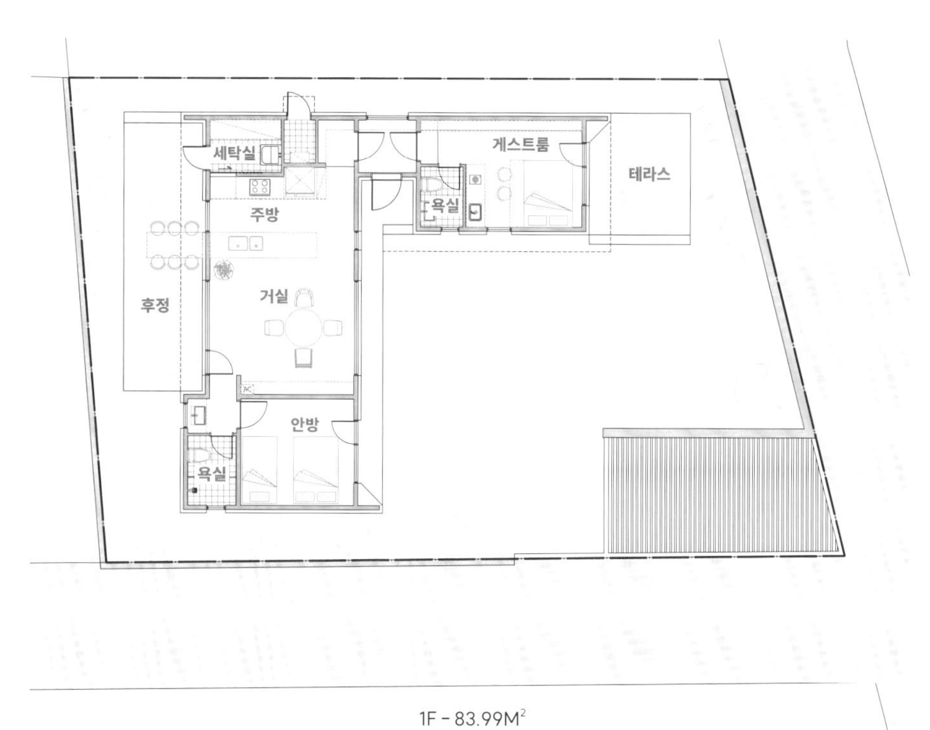

1F – 83.99M²

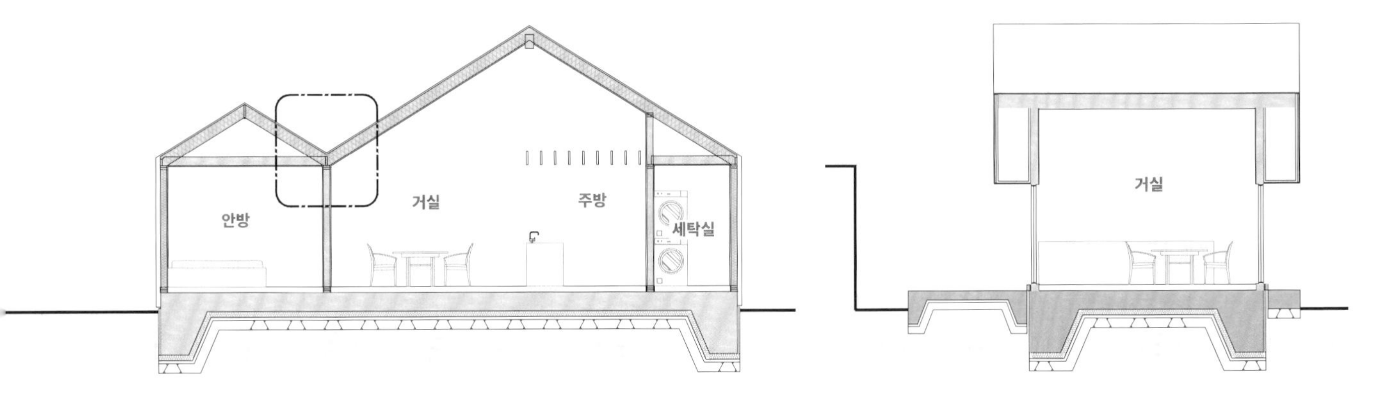

SECTIONS

3 화이트와 우드 톤으로 따뜻한 감성이 돋보이는 주방. 정갈한 대들보가 공간에 안정감을 더한다.

4 루버를 통해 만들어지는 그림자는 시간대에 따라 집 안의 분위기를 시시각각 다양하게 연출한다.

5 주방 옆에는 거실 겸 다용도 공간을 마련했다. 통창을 통해 바깥 풍경이 시원하게 펼쳐진다.

4

5

6 주방에서 보이는 후정 공간. 옹벽에 반사되어 비치는 간접광이 색다른 분위기를 만든다.

7 주생활 공간 가장 안쪽에 위치한 안방 침실. 포인트 벽은 집의 외벽과 같은 마감재를 사용해 외관이 지닌 정체성을 내부로 들여왔다.

8 대지의 높이차로 인해 형성된 옹벽은 갈색빛을 띠는 부정형 호피석으로 마감해 목재와 자갈, 콘크리트의 상반된 이미지를 조화롭게 중화시킬 수 있도록 했다.

현관으로 들어서면 전실을 기준으로 주생활 공간과 게스트룸으로 구분된다. 주생활 공간은 다시 주방, 거실, 안방으로 나뉘어지는데, 각각의 박공지붕 아래에서 분리된 공간감을 느낄 수 있다. 거실과 안방 사이에 건식 세면 공간이 둘을 다시 연결해주는 매개체 역할을 한다. 게스트룸은 별개의 욕실과 간이주방을 갖추고 있어 작업실로 쓰기도 하는 유연한 공간이다. 주생활 공간에는 특별한 장치가 한 가지 있다. 건물 외부에 설치된 슬라이딩 수직 차양 루버는 거실에서 안방까지 이동시킬 수 있어 태양의 위치에 따라 실내 일사량을 조절할 수 있고, 외부의 시선을 차단하는 역할도 한다.
건축주가 가장 매력적으로 느끼는 곳은 후정 공간. 북쪽 인접 대지와의 레벨차로 인해 형성된 3m의 콘크리트 옹벽을 처음에는 단점이라고 생각했지만, 지금은 오히려 옹벽 덕분에 공간이 더욱 프라이빗하게 느껴진다. 기능상 불필요하다고 생각했던 집의 뒤쪽 공간이 지금은 손님을 초대하거나 개인적인 공간으로 활용하며 계속해서 머무르고 싶은 곳이 된 것. 또한 옹벽에 햇빛이 반사되어 들어오는 은은한 간접광 역시 후정을 매력적으로 만들어 준다. **사진 · 김성철**

자갈이 깔린 앞마당에서는 게스트룸과 거실, 안방의 구조가 한눈에 들어온다. 일반적인 지붕과 다른 방향성을 보여줘 존재감이 느껴진다.

가족을 지키는 집
용인 수오재

HOUSE PLAN

대지위치 : 경기도 용인시 | **대지면적** : 493.6m2(149.31평) | **건물규모** : 지하 1층, 지상 1층 + 다락 | **거주인원** : 4명(부부 + 자녀 2) | **건축면적** : 190.6m2(57.65평) | **연면적** : 233.95m2(70.76평) | **건폐율** : 38.61%(법정 50%) | **용적률** : 30.15%(법정 100%) | **구조** : 기초 - 철근콘크리트 / 지상 - 철근콘크리트 + 경량목구조 | **주차** : 1대 | **최고높이** : 8.09m | **단열재** : R23 그라스울 + T50 암면(미네랄울) 단열재 | **외부마감재** : 벽 - T55 백고벽돌 / 지붕 - 컬러강판 | **담장재** : 철근콘크리트 벽 위 백고벽돌 | **창호재** : 이플러스 70mm AL 시스템창호 | **에너지원** : 도시가스 | **전기·기계·설비** : 정연엔지니어링 | **구조설계(내진)** : 한길구조 | **시공** : 브랜드하우징 | **설계** : JYA-RCHITECTS 원유민, 조장희, 정다혜 **http://jyarchitects.com**

INTERIOR SOURCE

내부마감재 : 석고보드 위 도배, 강마루 | **욕실 및 주방 타일** : 윤현상재 포세린 타일, 세라믹 패턴 타일 | **수전 등 욕실기기** : 아메리칸스탠다드 | **주방 가구 및 붙박이장** : 에넥스키친 | **계단재·난간** : T30 집성목, 평철 + 강화유리 난간 | **현관문** : 커널시스텍 고기밀성 단열현관문 | **중문** : 위드지스 AL 스윙도어 | **방문** : ABS도어 | **붙박이장** : 에넥스 | **데크재** : 고흥석 잔다듬

심플한 외관과 달리,
어떤 집보다도 입체적인 일상을 담아낸,
자연을 올곧게 품은 가족의 보금자리를 만났다.

좁은 아파트에서 아이들은 종일 뛰어놀고, 소리 내 웃고, 노래하고, 탐험했다. 하고 싶은 것이 많을 때라는 걸 잘 알고 있었지만, 마음과 달리 늘 "하지 말라"를 입에 담을 수 밖에 없었다. 그러던 어느 날, 집 안 피아노 앞에서 주눅 든 아이들을 보며 부부는 마음을 먹었다. 이젠, 아이의 미소를 지켜야겠다고.

"더 일찍 짓고 싶었지만, 고민해야 할 것이 많았어요. 그런데, 아이들 때문이라도 더는 늦으면 안 되겠다는 생각이 들었습니다."

부부는 집짓기 공부를 시작하며 여러 가지 고민을 풀어나가기 시작했다. 어렸을 때 단독주택에 살아봤던 경험을 되새기고, 다양한 책을 읽고 주택을 탐방하며 인터넷의 바다를 헤맸다. 꿈을 이뤄줄 건축가를 찾아 나선 부부는 목표에 가장 근접한 집을 그려낸 JYA-RCHITECTS를 만났다. 만족스러운 상담 후 건축가가 새로 그리는 집은 이 가족의 집, '수오재'가 되었다.

1 길에서 바라본 주택 전경.

2 삭막해지기 쉬운 도로면에도 조그만 화단을 둬 아이들과 함께 가꾼다.

2

3

4

5

주택은 다소 경사진 능선에 걸쳐 있는 한 단독주택 마을에 야트막한 뒷산을 서쪽에 두고 자리 잡았다. 경사를 살려 주차 부지를 확보할 수 있었고, 뒷산을 프라이빗하게 즐길 수 있으면서 동쪽으로는 마을 길이 집 아래로 쭉 뻗어 시원한 개방감을 느낄 수 있는 입지였다. 여기에 주택은 백고벽돌을 입고 이 동네에서 유일한 단층으로 앉혀졌다. 동선의 편리함과 더불어 가득 채운 용적률보다 여유를 갖고자 한 건축주의 의중이 반영된 구조였다.

한편으론 단층이지만, 도로변으로 접하는 지하 차고와 기하학적인 박공을 활용해 집의 입면은 두 개 층으로 보이게끔 이웃과의 균형감을 맞췄다.

'ㄱ'자로 놓인 주택의 실내로 들어서면 크게 두 구역으로 나뉜다. 도로에 면해 있는 부분은 세탁실 등 서비스 공간과 프라이빗한 공간이, 산으로 면하는 부분은 주방과 식당, 거실 등 공적인 공간이 자리한다. 공용 공간은 소통을 중심으로 실을 구성했다. 주방에서는 식당 건너 아이들이 좋아하는 윈도우 시트와 마당까지 한눈에 조망할 수 있고, 다락은 거실을 향해 개방감있게 트여 있어 언제든 가족이 함께 소통할 수 있다. 공과 사, 그사이 널찍하게 할애된 외부 공간은 형제가 함께 뛰어놀 수 있는 마당으로 남겨졌다. 이곳에서 아빠와 함께 축구도 하고, 홈 캠핑도 즐긴다.

3 야트막한 뒷산은 아이들의 주요 모험터가 된지 오래다. 산자락에서 흘러나오는 자연을 통해 가족은 매일 변하는 계절을 느낄 수 있다.

4 다락의 삼각형 창은 수오재의 입면에 독특한 아이덴티티를 부여한다.

5 가로 방향의 긴 매스 안에는 공용 공간이, 세로 방향 매스에는 프라이빗한 공간이 채워졌다.

6 뒷산과 맞닿는 윈도우시트는 아이들이 애정하는 뷰 포인트이자 독서 공간이다.

7 지붕 선이 겹치면서 만드는 꺾임이 다락 공간에 재미난 볼륨감을 만들어 낸다.

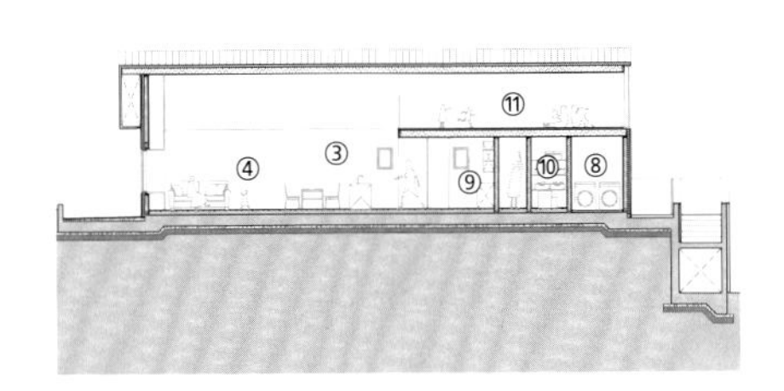

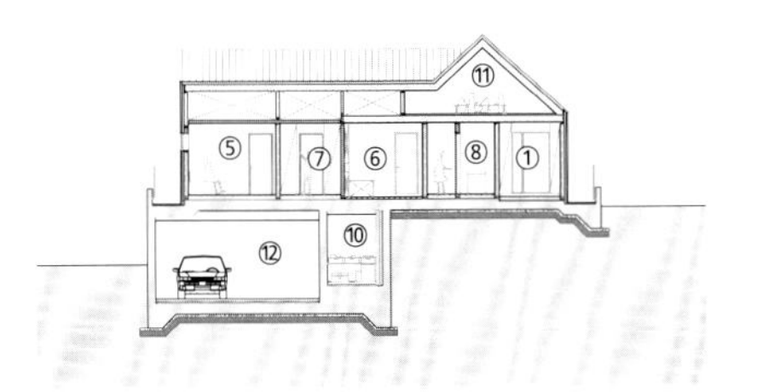

① 현관 ② 복도 ③ 주방·식당 ④ 거실
⑤ 침실 ⑥ 욕실 ⑦ 드레스룸 ⑧ 세탁실
⑨ 보조주방 ⑩ 창고 ⑪ 다락 ⑫ 주차장

SECTION

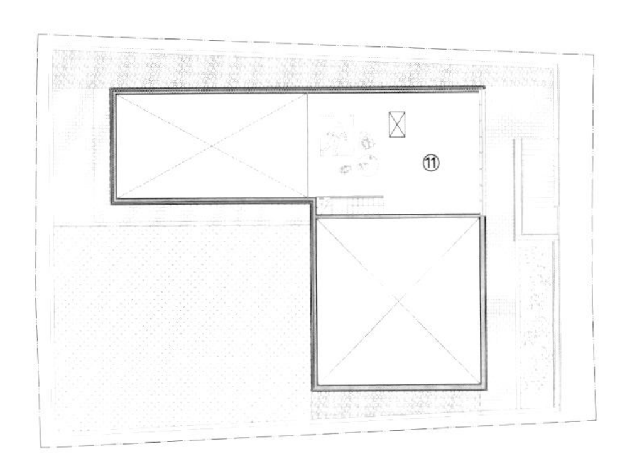

ATTIC - 46.35M²

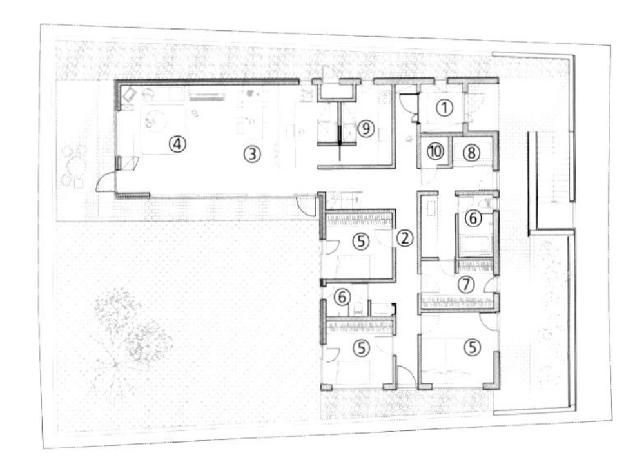

1F - 148.84M²

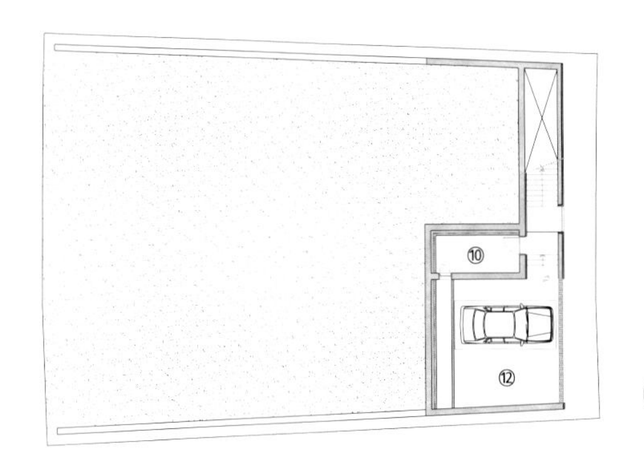

PLAN

B1F - 38.76M²

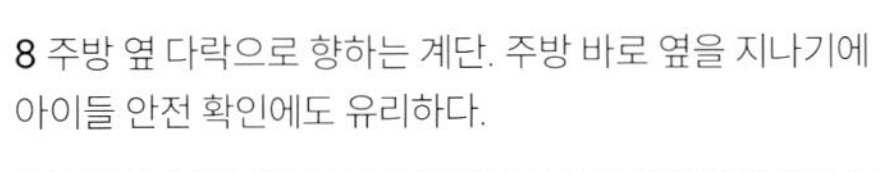

8 주방 옆 다락으로 향하는 계단. 주방 바로 옆을 지나기에 아이들 안전 확인에도 유리하다.

9 주방은 주택의 전체 동선상에서 중심에 위치해 가족들은 의도치 않아도 자연스럽게 모이게 된다.

10 두 아이와 부부가 지내는 집이기에 수납공간은 현관뿐만 아니라 안쪽에도 넉넉하게 갖췄다.

11 복도 교차점에서 세탁실-욕실-드레스룸-다시 복도로 이어지는 순환 구조로 생활 동선의 효율성을 높였다.

9

10

11

건축주는 "이사 온 다음 날 아침부터 아이들은 내복 차림으로 마당과 뒷산을 탐험했다"며 "요즘처럼 더울 땐 외부 수전 각각 하나씩 붙잡고 물놀이를 즐긴다"고 집을 만끽하는 아이들의 이야기를 전했다. 물론, 아이들만큼이나 건축주 부부에게도 여유가 생긴 건 마찬가지다.
"수오재(守吾齋)는 다산 정약용 선생의 형님 집 이름이래요. 땅도, 집도 누군가가 훔쳐 가지 못하지만, 지금의 나 자신은 잃으면 다시는 찾지 못하니 자신을 지키고자 집 수오재라는 이름을 집에 붙였다고요."
부부가 지키고 싶었던 아이들의 미소는 지켜졌을까? 서로 웃으며 장난을 치고, 책을 읽고, 그 사이에 마당에서 뛰는 두 아이와 그 장면을 흐뭇하게 바라보는 건축주. 이런 가족의 모습에서 아이들과 서로의 미소를 지키고자 지은 집에 붙인 수오재라는 이름은 그 역할을 충분히 다 하는 듯했다. **사진 • 변종석**

12·13 복도 교차점에서 세탁실-욕실-드레스룸-다시 복도로 이어지는 순환 구조로 생활 동선의 효율성을 높였다.

14 마을 골목길을 멀리 내려다보는 동측에 간단한 작업을 겸할 수 있는 명상실을 두었다.

15 박공 천장과 보가 그대로 드러나는 거실은 단층이지만, 높은 층고로 깊이감 있는 분위기를 연출한다.

땅과 집의 관계에서 균형을 찾다

빌라 파티오

HOUSE PLAN

대지위치 : 강원도 홍천군 | **대지면적** : 647m2(195.72평) | **건물규모** : 지상 1층 + 다락 | **거주인원** : 4명(부부, 자녀2) | **건축면적** : 138m2(41.74평) | **연면적** : 159m2(48.1평) | **건폐율** : 23.33% | **용적률** : 24.71% | **주차대수** : 1대 | **최고높이** : 6.5m | **구조** : 기초 – 철근콘크리트 매트기초 / 지상 – 경량목구조 외벽 2×6 구조목 + 내벽 S.P.F 구조목 / 지붕 – 2x10 구조목 | **단열재** : 그라스울140mm 235mm / 수성연질폼 50mm | **외부마감재** : 지정 외단열 스터코(파렉스디피알) | **담장재** : 각파이프 간살 루버 제작 | **창호재** : PVC 시스템창호 + 삼중로이유리 | **내부마감재** : 벽·천장 – 신한벽지 + 지정 친환경 페인트 / 바닥 – 구정마루 | **욕실·주방 타일** : 지정 수입타일 | **수전·욕실기기** : 대림바스 | **주방가구** : 제작 가구 | **계단재, 난간** : 오크 집성목 + 평철난간 | **조명** : 필립스 + 해외 직구 | **현관문** : 금샘 도어 | **방문·중문** : 영림 도어 + 제작도어 | **전기·기계** : 정연엔지니어링 | **구조설계** : 델타구조 | **시공** : 건축주 직영 | **설계·감리** : 나우랩 건축사사무소 최준석, 차현호 www.naau.kr

200평 가까이 되는 넓은 대지 위로,
균형 잡힌 단층주택이 떠올랐다. 비용에 맞는 규모와,
그에 맞는 품질까지 고민하며 맞춘 건축이라는 퍼즐.
네 식구의 쉼이 되는 편안한 집을 만나다.

넓은 땅 활용, 그 해답이 된 단층과 중정 구조

단독주택 설계의 기본 과제는 부족한 예산과 공사비를 절충해 최적의 합의점을 모색하는 것이다. 넉넉한 예산으로 집을 짓는 경우도 더러 있지만 근본적으로 단독주택 설계는 개인이 가진 제한된 '비용'에 맞게 적절한 '규모'를 정하고 최종적으로 거주의 '품질'을 높이는 삼각관계의 퍼즐게임이 된다. 빌라 파티오라는 퍼즐의 난도 역시 다소 높은 편이었다. 동시에 젊은 부부와 어린아이 둘이 살게 될 집짓기 프로젝트에서 기대되는 설계의 조건은 명징했다. 한정된 예산 안에서, 성능 면에서 평균 이상인, 실 평수에 비해 넓게 느껴지는, 실내외가 자연스럽게 연결되는, 아이들을 위한 집. 한마디로 '싸고 좋은 집'이었다.
건축주의 필지는 계단식 필지 하나당 150~200평 단위로 잘라 절·성토해서 조성한 홍천 삼마치리의 주택 단지였다. 구릉을 타고 얕은 경사로 오르면서 개별 땅들이 나뉘어 있고 위아래의 높이 차이는 약 3m 정도로 너무 높지도 낮지도 않은 적당한 경사도를 가지고 있었다. 특이한 점은 필지당 면적이 비교적 넓은 편이라는 것이었다.

1 중정과 마당을 알차게 활용해 필지의 낭비가 없이 모두 가족을 위한 공간으로 활용되고 있다.

2·3 주택의 중심격인 중정이 ㄷ자 사이에 배치되고, 보 구조 위로 다락을 잇는 다리가 얹어졌다. 밖에서는 안을 쉽게 예상할 수 없는 외관이다.

2

3

4

땅 넓이 647㎡(약 195평)에 계획관리지역 40% 건폐율이니 단층으로 지어도 78평이 가능한 조건. 최준석 소장과 건축주는 '굳이 2층~3층 집이 필요한가?'에 대해 많은 대화를 나누었다. 200평 가까운 면적을 제대로 활용하기 위해서는 땅과 집의 관계에 대해 균형을 잡아야 했다. 작고 높은 2층집보다는, 효율적이면서도 조화로운 단층집을 계획했다. 마침 건축주가 원하는 집의 규모도 50~60평이었기에 단층 주택의 아이디어가 강구됐다. 우선 50평 정도의 면적을 펼쳐 ㄷ자로 배치한 뒤, 이 사이에 이웃집에서는 보이지 않는 전용 중정(patio)을 배치했다. 넓기만 한 마당보다는 적절한 비율로 실내와의 연결점이 뚜렷한 활용도 높은 공간을 의도한 것이다.

4 넓은 땅과 함께 낮지만 깊이감이 있는 집은 서로 조화로운 관계를 맺어 위화감이 없는 모습이다.

5 처마에 설치한 간접 조명이 음영을 만들어 외관에 은은한 존재감을 더한다.

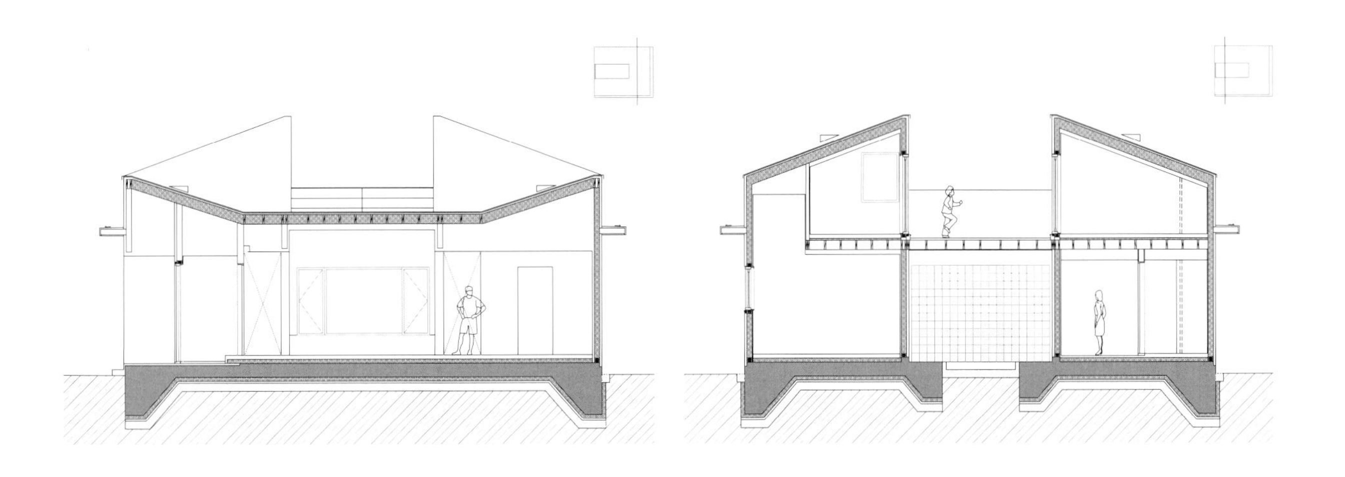

이때부터 실질적으로 집이 점유하는 면적은 70평 정도가 됐는데, 여기에 거실·주방과 남측면 외부 테라스를 낮은 담으로 구획해 집으로 연결했다. 이로써 집이 점유하는 영역은 100평 정도가 되었고, 비로소 땅과 집이 대등한 관계를 가지게 되는 집, 빌라 파티오가 완성됐다.

빌라 파티오의 내부 공간은 동적인 순환 구조를 이룬다. 남측 면에 조망과 채광이 좋은 거실과 주방을 두고 ㄷ자 양쪽은 각각 아이들 침실과 부부 침실을 두었는데, 중정을 사이에 두고 양쪽의 방이 마주 보면서 중정 주변으로 동선이 형성되어 움직인다. 부부 침실과 아이들 침실 위에는 각각 다락을 두었다. 두 다락이 구름다리를 통해 서로 연결되며 모든 실내가 트이는 느낌을 준다. 또 중정을 향하는 지붕의 각도를 낮추어 하늘과 햇빛이 쏟아져 내리는 느낌을 부여했고, 다락부의 지붕은 반대 방향으로 배치해 시각적으로 은은한 존재감을 가지게 됐다.

6

7

ATTIC : 26.5m²

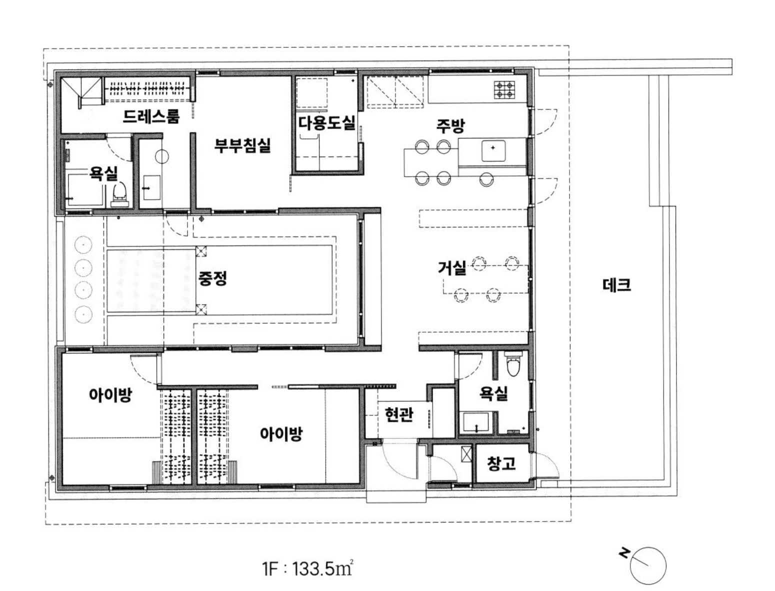

1F : 133.5m²

6·7 온 가족 모두 책을 즐길 수 있는 공간으로 꾸민 거실. 양쪽으로 큰 창을 둬 중정을 향해 빛이 뚫고 지나가는 듯한 모습을 연출한다.

8 아이들의 다목적실과는 반대편에 위치해 구름다리로 이어지는 부부의 서재. 천창으로 인해 하단의 드레스룸에까지 고르게 빛이 퍼진다.

9 화장실과 별도로 건식 세면 공간을 드레스룸과 함께 배치하고, 중정과 바로 연결해 두어 야외 활동 후 바로 손을 씻을 수 있도록 했다.

10 주방 아일랜드는 큰 규모로 시공하고 반대편에도 수납장을 포함하는 등 다양한 활용도를 가지게 했다.

단독주택의 설계는 성공적 집 짓기를 전술 회의처럼 논하는 것이라고 최준석 소장은 설명했다. 건축주와 함께 다양한 조건들과 이슈를 절충해 나가고, 꿈과 현실 사이의 간극을 줄이며 중요한 것들을 가려내는 과정을 거듭하며 나오는 하나의 솔루션이 집이 되는 것이다. 땅과 건축의 조화로 도출된 답인 단층주택은 그 자체로 가족을 위한 안식처로 존재감을 뽐내고 있다. 사진 • 최진보

11·12 두 아이들의 방은 사다리를 통해 들어가는 중간 다락으로 연결되며 변칙적인 공간의 재미를 연출한다.

13 아아이방 바로 위는 오픈된 천장 일부에 그물 침대를 설치해 시각적으로 트인 새로운 휴식 공간이 더해졌다.

14 중간다락에서 연결되는 다목적실. 그물 침대와 함께 아이들의 비밀 아지트가 되는 곳이다.

TIP. 예산을 절감할 수 있는 단층주택
단층 주택은 높이로 인한 위험도가 없는 공사이기에 속도와 안전 문제, 인건비 등을 절감할 수 있다. 또 건폐율의 범위 안에서는 높은 층고나 다락, 스킵 플로어 등으로 공간감을 줘 단조로움을 해결할 수 있다. 이런 장점을 활용해 고물가 시대의 경제적인 주택의 해답으로 단층을 고려해 볼 만하다.

13

14

다시 모인 가족, 다시 만난 두 현
영주 이현 二弦

HOUSE PLAN

대지위치 : 경상북도 영주시 | **대지면적** : 495.1m2(149.76평) | **건물규모** : 지상 1층 | **거주인원** : 3명(부부 + 자녀 1) | **건축면적** : 171.7m2(51.93평) | **연면적** : 178.18m2(53.89평) | **건폐율** : 34.57% | **용적률** : 35.99% | **주차대수** : 1대 | **최고높이** : 6.5m | **구조** : 기초 - 철근콘크리트 매트기초 / 지상 - 철근콘크리트 | **단열재** : 기초 - 압출법보온판 특호 200mm / 외벽 - 비드법단열재 2종3호 200mm / 지붕 - 압출법보온판 특호 300mm | **외부마감재** : 외벽 - STO 외단열 코트시스템 / 지붕 - 단열재 위 시트방수 + 쇄석 도포 | **담장재** : 내후성 강판 주문제작 | **창호재** : 유로레하우 지네고 PVC 80mm (에너지등급 1등급) | **에너지원** : 기름보일러(등유) | **조경** : 엔진포스건축사사무소 윤태권 | **전기** : 대신EMC | **기계** : 주성엠이씨 | **구조설계(내진)**: 김수경 소장 | **시공** : 인문학적인집짓기 최일룡 | **설계** : 엔진포스건축사사무소 윤태권 www.engineforcearch.com | **설계 담당** : 서세희

INTERIOR SOURCE

내부마감재 : 벽·천장 - STO 씰프리미엄 도장 / 바닥 - 타일 | **욕실·주방 타일** : 타일 | **수전·욕실기기** : 아메리칸스탠다드 | **주방·붙박이장** : 리빙플러스 주문제작 | **거실 가구** : 한스베그너 소파, 프리츠한센 테이블·식탁의자 | **조명** : 필립스 LED T5(간접등), 루이스폴센 PH5(펜던트) | **현관문** : 레하우 PVC시스템 단열도어(0.278W/m2k) | **방문** : 주문제작 목재도어 래커 마감 | **데크재** : 천연석재

주어진 자연에 대한 배려로 앉혀진 중정 주택.
소박한 단층 안에 다채롭고 입체적인 인상과 일상을 담아냈다.

1 주택의 전면과 측면. 플랫하게 형성된 전면 가운데 약간 어긋나게 돌출된 캐노피가 태양의 움직임에 따라 재밌는 그림자를 연출한다.

2·4 바깥으로 오므라드는 형상의 중정. 때문에 안에서 볼 때와 밖에서 볼 때의 거리감이 다르게 느껴진다.

3 중정은 또 하나의 가족, 반려견 나나가 애정하는 영역 중 하나다.

사업차 경북 영주와 경기도 분당에 잠시 떨어져 지내야 했던 건축주 서한범, 전화영 씨 부부. 1년 정도의 주말부부 시기를 마치기에 앞서, 앞으로 함께 지낼 공간을 영주에 마련하는 것에 여러 고민을 했다. 특히 한범 씨는 지금껏 아파트에서 살아왔기에 전원생활에 대한 기대감이나 로망이 있었고, 당시 곧 태어날 아이도 도시가 아닌 자연 속에서 더 자유롭게 자랄 수 있기를 바랐다. 부부의 답은 결국 집짓기였다. 아이가 태어나고 한범 씨는 가족의 보금자리를 구현해줄 건축가를 본격적으로 찾아다녔다. 잡지부터 인터넷까지 여러 매체를 오갔고, SNS에서 팔로우 많고 유명한 건축가들도 여럿 만났다. 그러던 중 잡지에서 '엔진포스
건축사사무소' 윤태권 소장의 프로젝트들을 접했고, 그는 윤 소장의 집과 이전 프로젝트인 '류현'을 직접 체험하면서 깊은 인상을 받았다. 그곳에서 건축 디테일과 디자인, 패시브하우스에 대한 이해를 체감할 수 있었던 부부에게 그는 프로젝트의 적임자였다. 겨울에 처음 미팅을 시작해 다음해 봄과 여름을 지나 가을. 아내의 전공인 바이올린과 아이의 이름인 '이현'의 이름에서 모티브를 따 '이현(二弦)'이라 이름 붙인 모던하고 하얀 새집을 만날 수 있었다.

2

3

4
©ARCHFRAME

"주택이 들어설 대지에는 이전 토지주가 심어놓은 매화나무가 있었습니다. 나무를 없애야 할까 고민도 했는데, 이렇게 멋진 수형으로 자라는 매화나무는 드물거든요. 문득 아쉬웠습니다."
윤태권 소장은 프라이버시와 전망을 확보하기 위해 남향인 도로면 대신 처음부터 북향 과수원 방향으로 열린 'ㄷ'자 형태의 중정형 주택을 상정하고 있었다. 식당을 중심에 두고, 침실동과 거실동, 두 개의 매스가 중정을 가운데 두고 마주 보는 형태다. 하지만, 대지에 있던 매화나무가 문제였다. 윤 소장은 되도록 이를 품을 방법을 부부에게 제안했고, 이는 'ㄷ'자 형태 중 거실동이 약 5°도 안으로 들어오는 지금의 독특한 평면이 나오게 되는 계기가 되었다. 중정형 배치의 결과로 침실동에서 식당, 거실동에 이르기까지 주택은 긴 동선을 갖게 되었다. 짐짓 불편한 요소로도 보일 수 있으나, 이는 오히려 아이에게는 넓은 활동 공간을

5 다용도로 사용하는 작업실과 침실 사이 긴 복도 전체에는 붙박이 수납장을 뒀다. 이 긴 붙박이장은 동선과 자연스럽게 결합해 드레스룸의 역할을 한다.

6 현관에서 바라보는 실내. 정면으로는 식당 구역을 거쳐 작업실까지, 오른 편으로는 거실로 시야가 닿는다.

7 넉넉하게 갖춘 현관. 오른쪽 위에서 들어오는 빛은 왼쪽 위 픽스창을 통해 실내로 유입돼 복도와 식당을 환히 비춘다.

8 깊이 있으면서 아늑함이 느껴지는 거실동. 오른편의 그림 등 실내에 디스플레이 된 모든 그림은 아내 화영 씨의 작품이다.

제공했다. 또한, 어른에게는 침실동의 긴 복도에 수납공간을 짜 넣어 드레스룸과 서재를 겸하는 공간으로 쓰는 등 관리가 필요한 방 갯수를 줄이면서 공간 활용도는 높이는 기회가 되었다. 중간의 식당 구역은 주방의 어수선함을 관리할 수 있도록 식당에서 공간적으로 분리하는 방향으로 배치되었다. 식당은 처음에는 큰 식탁이 놓였으나, 화영 씨를 따라 아이가 오래 머물게 되는 상황에 맞춰 자칫 위험할 수 있는 육중한 식탁 대신 공간을 가볍게 하는 가구 구성으로 바꿔줬다. 한범 씨는 "건축가가 아름답게 공간을 만들어도 생활용품이나 가구가 공간을 아쉽게 만드는 경우를 종종 보게 된다"며 "되도록 평생 소장할 가치가 있는 가구를 들이고, 집과 어울리도록 레이아웃을 자주 바꿔보는 식으로 일상 속에 공간을 그때마다 상황에 맞춰나가곤 한다"고 설명했다.
주택은 처음에는 거실동의 층고를 높이고 그사이에 중층으로 메자닌을 넣을

7

8

계획이었지만, 모종의 문제로 단층으로 변경되었다. 계획이 변경되면서 천장고가 90cm 정도 낮아졌음에도 비교적 높은 천장고에서 오는 공간감과 입체감, 그리고 역설적이지만, 다른 공간보다 조금 낮게 설계된 바닥 레벨에서 오는 아늑함을 즐긴다. 한편, 주택은 단열설계와 고효율 시스템창호 등을 적용하면서 패시브하우스에 준하는 수준의 단열과 기밀 성능을 확보했으나, 예산 문제로 열회수환기장치를 적용하지는 않았다. 윤 소장은 "그간 진행한 프로젝트들을 모니터링하면서 대기 환경이 좋은 지역에서는 일정 수준 이상의 단열 설계만으로도 단열효과로 인한 이점은 충분히 끌어낼 수 있겠다고 판단했다"면서 "오히려 제때 외부 필터의 슬러지를 제거하지 못해 환기장치 성능이 저하되는 등 유지 관리가 제대로 이뤄지지 못했을 때 환기 성능이 저하되는 문제 등을 고민해봐야 한다"고 설명했다.

이제 주택 생활 2년 차에 접어든다는 부부. 처음 집 앞에서 이야기를 시작할 때는 "관리가 안 돼 민망하다"고 무안해했지만, 며칠 전에 입주한 집인 것처럼 깨끗한, 새로 맞춘 듯 정갈한 모습에서 집에 대한 부부의 꾸준하고도 남다른 애정을 느낄 수 있었다.

그조차 "집의 기능에 대해 걱정하지 않고 살 수 있게 해준 설계 덕분"이라고 건축가에게 공을 돌리는 부부. 마찬가지로 "잘 가꾸며 살아주셔서 감사하다"는 건축가.

둘 사이 이어지는 겸양의 대화에서 잘 만난 건축가와 건축주의 예시를 보는 듯했다.

사진 • 변종석, ARCHFRAME

9

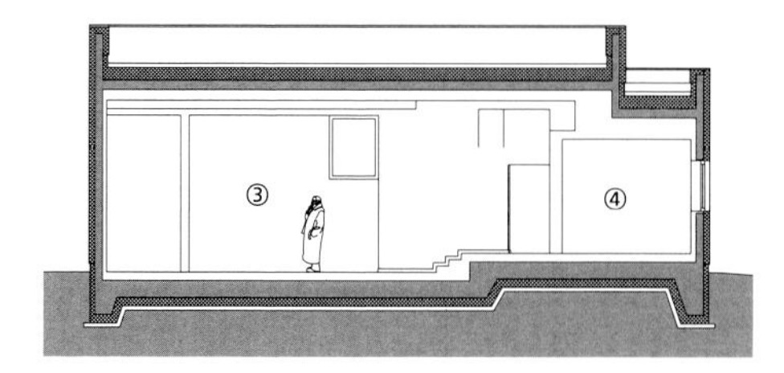

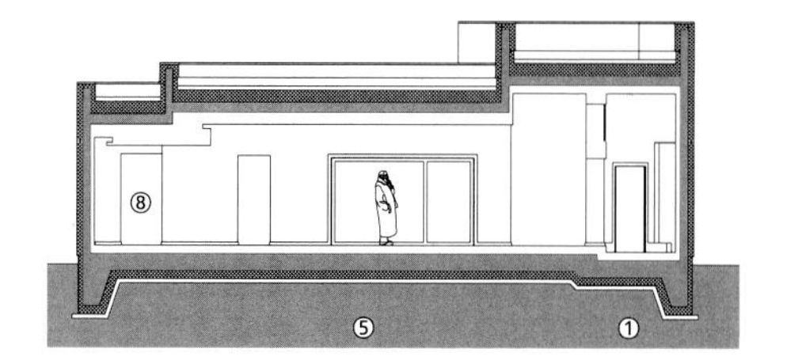

SECTION

① 현관 ② 창고 ③ 거실 ④ 다용도실
⑤ 식당 ⑥ 주방 ⑦ 공용화장실 ⑧ 작업실
⑨ 복도 겸 드레스룸 ⑩ 욕실 ⑪ 아이침실
⑫ 부부침실 ⑬ 중정 ⑭ 매화마당 ⑮ 앞마당

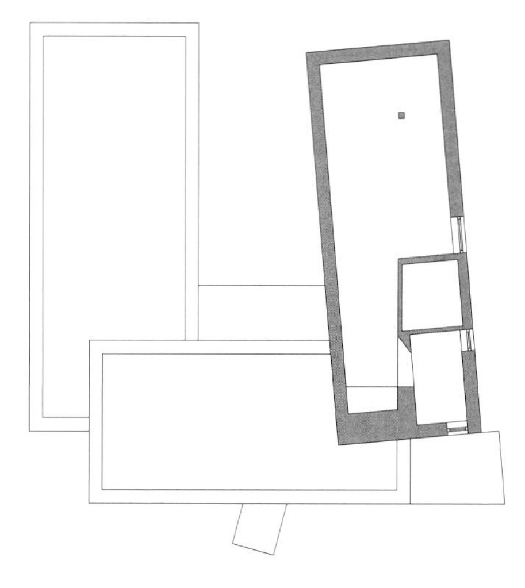

9 비스듬하게 움푹 들어간 식당 공간
천장은 바깥에 돌출된 처마가 연장된
듯한 느낌을 선사한다.

ROOF

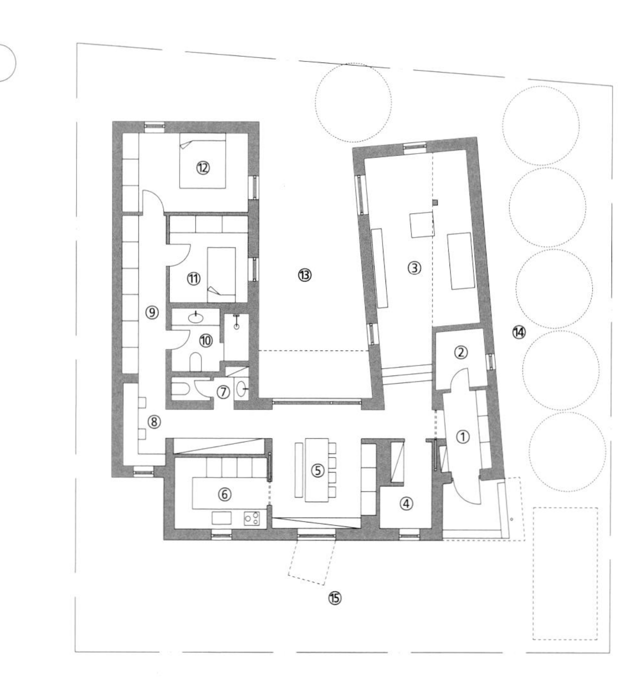

PLAN 1F - $171.7M^2$

10 화이트 톤 바탕에 빈티지한 진한 우드 톤의 가구들이 전체적으로 내추럴한 분위기를 연출한다.

11 거실동에서는 중정으로 난 창을 통해 부부침실과 시각적으로 소통하곤 한다.

12 벽으로 샤워실을 분리해준 욕실. 바닥에는 단차를 줘 나머지 공간을 건식처럼 쓸 수 있게 했다.

13 심플하게 꾸며진 부부침실.

14 중정을 수놓는 매화나무와 자작나무. 멋진 수형이 인상적인 매화나무는 이 집의 정체성을 이루는 일등공신 중 하나다.

10

11

©ARCHFRAME

12

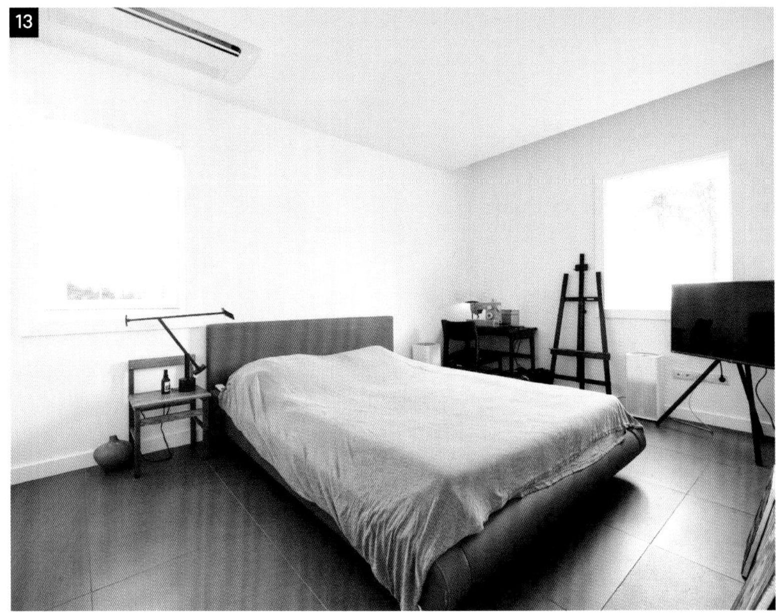

13

14
FRAME

평화롭고 담담하게

장성 평담재 平淡齋

HOUSE PLAN

대지위치 : 전라남도 장성군 | **대지면적** : 613m²(185.43평) | **건물규모** : 지상 1층 + 다락 | **거주인원** : 2명(부부) | **건축면적** : 199.9m²(60.46평) | **연면적** : 183.2m²(55.41평) | **건폐율** : 33% | **용적률** : 30% | **구조** : 기초 - 철근콘크리트 매트기초 / 지상 - 경량목구조 외벽 2×6 구조목 + 내벽 S.P.F 구조목 / 지붕 - 2×8 구조목 | **주차** : 2대(법정 1대) | **최고높이** : 5.3m | **단열재** : 그라스울 24K, 비드법단열재 2종3호 120mm, 수성연질폼 200mm | **외부마감재** : 외벽 - 백고벽돌타일 / 지붕 - 오웬스코닝 아스팔트싱글 | **담장재** : 베트남산 화산석 | **창호재** : 아키프릭스 | **철물하드웨어** : 심슨스트롱타이 | **에너지원** : LPG | **열회수환기장치** : ZEHNDER 콤포에아 | **전기·기계** : 다산전기 | **설비** : 청운 ENG | **구조설계** : 두항구조안전기술사사무소 | **시공** : 이든하임 | **설계** : 적정건축 www.o4aa.com

INTERIOR SOURCE

내부마감재 : 벽 - 실크벽지 / 바닥 - 신명마루 | **욕실 및 주방 타일** : 윤현상재 | **수전 등 욕실기기** : 아메리칸스탠다드 | **주방 가구 및 붙박이장** : 제작 가구(대패소리 최장호) | **조명** : 을지로 조명 | **가구** : 가인 허희영 | **계단재·난간** : 애쉬목 | **현관문** : 구로철물 제작 도어 | **중문** : 제작 장지문 | **방문** : 영림임업 ABS 도어 | **데크재** : 청고벽돌

집은 주인의 삶을 담는다. 인생이 무르익어 가는 시기, 오롯이 부부를 위해 지은 집. 담담한 외관과 세련된 내부는 마치 두 사람을 보는 듯하다. 다시 보니, 집은 주인을 닮는다.

담재

"마음은 한옥인데 몸은 양옥입니다."

어느 날 적정건축의 윤주연 소장을 찾아온 중년 부부가 말을 건넸다. 다양한 주거 유형을, 그리고 인생을 경험한 이들은 본인들에 대해 분명히 알고 있었다. 이는 요청사항에서도 금세 드러났다. 넓은 잔디마당이 아닌 프라이버시가 있는 안마당을, 가끔 오는 자식만을 위한 방보다 누구나 머물러도 부담 없을 별채를, 툇마루도 좋지만 포치와 차고의 실용성을, 독야청청 홀로 빛나기보다 동네와 조화를 이루기를, 그리고 단층집을 원했다. 이후에 대해서는 전적으로 건축가에게 맡긴다는 전문가에 대한 존중도 잊지 않았다. 그렇게 재작년 이맘때쯤 완공된 집은 마치 오랫동안 그 자리에 있었던 것처럼 농촌 풍경에 스미는 중이다. 여기에는 단연, 단층집이라는 선택이 주효했다는 게 당사자들의 설명. 그리고 다양한 요청사항을 반영하면서도 이질적이지 않은 외관을 위해 Family, Dining, Guest, 세 영역을 나누고 각 공간의 연결과 분리가 자연스럽도록 구성한 윤 소장의 설계 역시 빛을 발했다. 넓게 펼쳐진 매스는 전용 외부 공간을 가지며, 각각 관계를 맺고 생활을 풍요롭게 만들어 준다.

1 세 개의 박공 매스가 각각의 방향성을 가지며 조화를 이룬 외관

2·4 집 앞 농로에서 바라본 주택의 모습. 주변과의 조화를 고려해 외벽에는 백고벽돌과 청고벽돌을 교차로 사용하고, 지붕은 아스팔트싱글로 마감했다. 대신 박공의 옆면을 강조하는 흰색 에지와 철물 디테일을 살렸다.

3 부부가 편한 옷차림으로도 누릴 수 있게 요청한 뒤뜰. 마당을 감싼 홍가시나무가 자연스럽게 담의 역할을 한다.

2

3

4
ⓒ이원석

SECTION

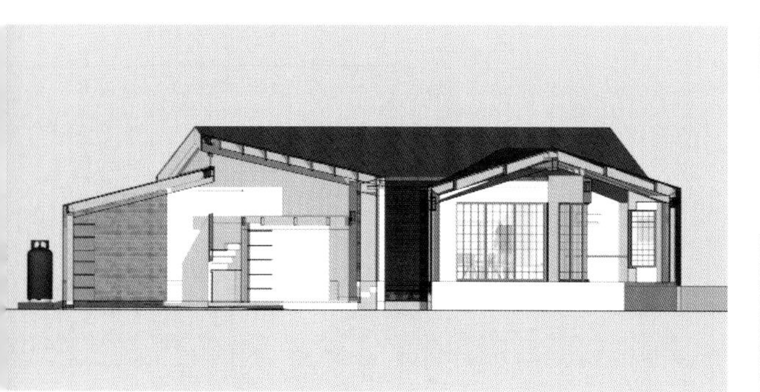

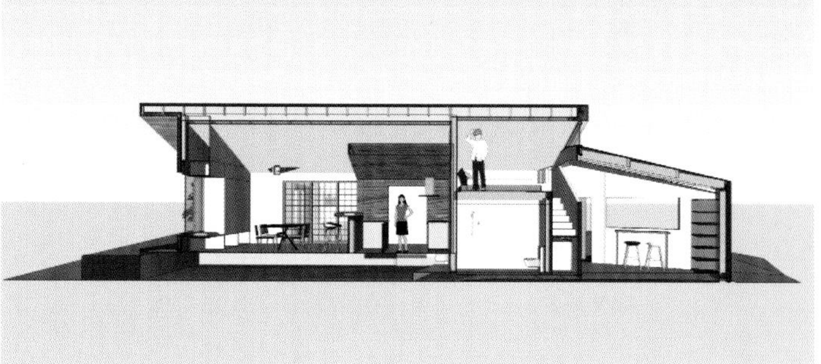

집의 중심인 다이닝룸. 벽면을 채운 수납공간 사이 윈도우시트를 두어 실용성을 더하고, 주문 제작한 테이블을 가운데 놓았다.

거실에서 바라본 모습. 한옥의 정서를 원한 건축주의 요청이 각 공간을 연결하는 장지문을 통해 자연스레 반영되었다.

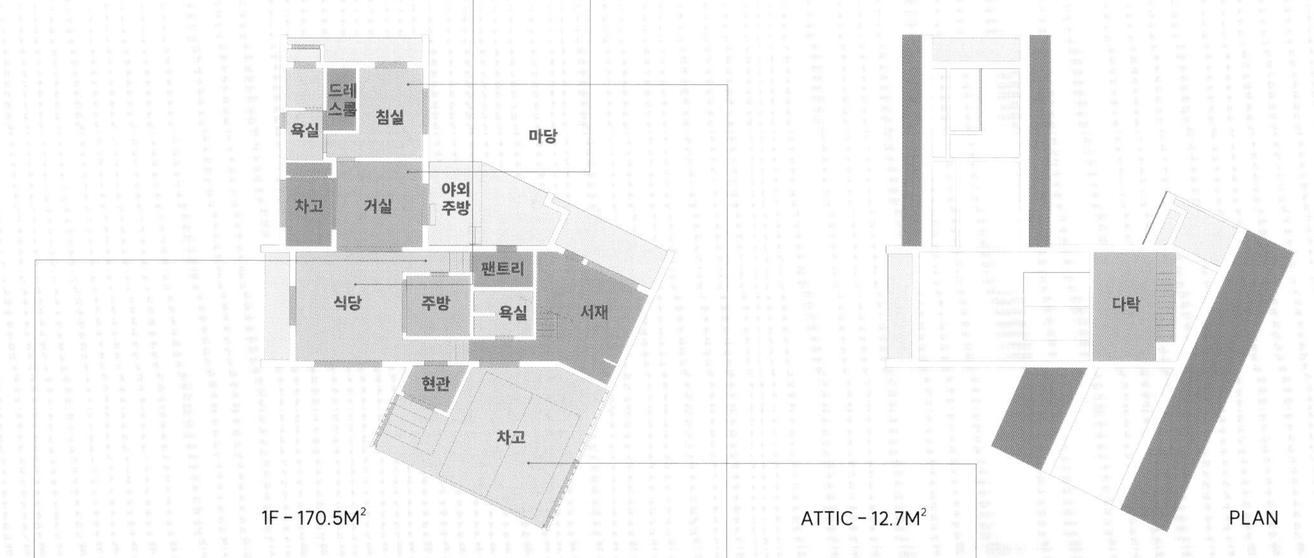

집 속의 집 콘셉트를 가진 조리 공간. 왼편에 팬트리를, 맞은편으로 야외 키친이 이어지도록 했다.

간소하게 꾸민 부부 침실. 낮게 설치한 창으로 들어오는 빛의 느낌이 무척 마음에 든다고.

주택에 살면 바깥을 위한 멀티 공간이 필요하다는 것을 고려하여 지붕 있는 차고를 설치했다.

더할 것도 덜 것도 없는 단층집 예찬

TV와 소파가 대치를 이루듯 마주 보는, 실내 전체가 한눈에 보이는 장소. 그간 대부분 집은 거실을 중심으로 편성되는 게 당연히 여겨졌지만, 두 사람에게겐 늘 불합리한 공간처럼 보였다. 특히, 손님맞이가 많은 이들에게는 더더욱 그랬다. 그래서 이 집은 주방을 중심으로 북쪽으로 확장하는 사적인 영역(거실 및 침실)과, 동쪽으로 확장하는 서재 및 게스트룸으로 엮이는 모양새를 취한다. 이 공간들은 각각 장지문과 단차로 위계를 달리 주어, 시선은 통하면서 공간은 분리되는 효과를 얻는다. 내부는 공간마다 가장 어울리는 분위기와 조망을 선사하는 창들이 눈에 띈다. 또한, 집 속의 집처럼 구현된 주방, 수납과 이어지는 윈도우시트, 차분하고 단정한 자재들의 조합 등 공간을 가장 장 규정할 수 있는 인테리어로 실속을 더했다. 거창한 야심이나 욕망보다 오직 두 사람의 일상을 담아내는 데 초점을 맞춘 집. 나이 들며 주변 사람들과 함께 나누고자 하는 마음이 고스란히 반영된 공간. 평화롭고 담담하게 살고자 하는 부부의 바람에 평담재(平淡齋)라는 이름은 그래서 더 적절하고 특별하다. **사진 • 변종석, 이원석**

5

6

7

5 손님들이 하룻밤 묵을 수 있는 다락에서 바라본 모습. 삼각창이 인상적이다.

6 서재는 합판 노출과 에폭시 바닥으로 마감해 중성적인 느낌을 연출했다.

7 서재 겸 게스트룸은 단차로 구분해 별채의 느낌을 냈다. 세탁실이 딸린 욕실에는 공간을 절약하는 슬라이딩 도어를 달았다.

8 집의 포인트가 되어 주는 주방. 함께 가사 일을 돌볼 수 있도록 넉넉하게 마련했고, 부부가 티타임이나 가벼운 식사를 할 수 있도록 개구부 앞에 작은 카운터를 두었다.

8

제주쉴로 스테이

세 개의 섬, 하나의 지붕

HOUSE PLAN

대지위치 : 제주특별자치도 제주시 조천읍 | **대지면적** : 1,650m2(500평) | **건물규모** : 지상 1층 | **건축면적** : 211.1m2(63.96평) | **연면적** : 196.37m2(59.5평) | **건폐율** : 12.79% | **용적률** : 11.90% | **구조** : 기초 – 철근콘크리트 매트기초 / 지상 – 중목구조 | **주차** : 2대 | **최고높이** : 3.6m | **단열재** : 기초 바닥 – 비드법단열재 2종1호 100mm / 벽체 – 그라스울(존스맨빌) R11·R19·R30, 비드법단열재 2종1호 70mm / 난방 바닥 – EPS보드 60mm | **외부마감재** : 테라코코리아 플렉시텍스(그래뉼) S/FLEX307, S/FLEX360 | **지붕재** : 니치하갈바륨(일본단열강판) | **담장재** : 자연석 현무암 겹담쌓기 | **창호재** : 일본 YKKAP APW-430(더블로이유리 41mm, 에너지효율 1등급) | **철물하드웨어** : 일본 중목구조 LVL목재 / TEC-1, P3철물공법 | **에너지원** : LPG | **조경** : 제주 하와이 조경 | **전기·기계·설비** : ㈜우보이엔지 | **구조설계(내진)** : ㈜단구조 | **설계 및 감리** : ㈜에이알에이건축사사무소 **www.ar-a.kr**

INTERIOR SOURCE

내부마감재 : 벽 – 테라코 스터코 빈티지 / 천장 – 삼화페인트 백색 / 바닥 – 한솔 강마루 헤링본 | **욕실 및 주방 타일** : 국산, 이태리산(제주 한라타일) | **수전 등 욕실기기** : 대림바스 | **주방 가구** : 멀바우 집성목 현장 제작 | **조명** : 건축주 직구 | **현관문** : 일본 YKK AP 베네토 | **중문** : 재현하늘창 알루미늄 3연동 | **방문** : 재현하늘창 ABS 도어 | **붙박이장** : 멀바우 집성목 현장 제작

너른 데크와 플랫한 지붕, 독특한 실 구성을
가진 단층집은 제주 풍광에 다소곳이 안긴다.
남다른 형태와 동선이 생활마저 새롭게 이끄는 곳이다.

1

제주도 동쪽, 선흘리 마을은 자연에 푹 파묻힌 중산간 지역이다. 오름 중 유일하게 유네스코 세계자연유산에 등재된 거문오름을 아래 두고 작은 오름들이 주위에 둘러 있다. 은퇴 후 플랜이 확고했던 건축주는 새로운 삶의 터전으로 오래전 이곳을 점찍었다. 5,000m^{2}가 넘는 전(田)을 구입해 1년여에 걸친 성토 끝에 완만한 땅을 만들었다. 데단위 토목공사와 여러 인허가들로 지칠 만도 했지만, 그럴수록 건축에 대한 열의는 더욱 강해졌다. 직접 가꾼 식재료로 매 끼니를 만들고, 이웃이나 집을 찾는 손님에게 정성된 식사를 대접하는 일상. 그가 새로 짓는 집에서 보내고자 하는, 소소하지만 중요한 삶이었다. 그래서 애초에 원한 공간은 '최소의 거주'였고, 집의 모든 중심은 주방과 식당에 두고자 했다. 1층 전체는 주방으로 채우고 위로는 작은 침실이 있는 2층집을 꿈꿨으나, 건축가의 생각은 달랐다.

㈜에이알에이건축사사무소 측은 굳이 2층집으로 지어 마을에서 돋보이기 보다 단층의 낮은 집이 제주 구릉지에 잘 어울린다고 여겼다. 진심 어린 설득에 건축주는 마음을 바꿨고, 자연에 순응하는 집의 초안이 그려졌다. 건축가는 최소한의 기능적인 실을 먼저 나누고 이를 동선, 기능, 채광과 환기, 프라이버시 유무 등 여러 요소에 맞추어 조닝을 반복했다. 건축주가 원하는 대로, 주방과 식당을 메인에 두고 나머지 실들을 기능에 맞춰 흩트리다 보니 세 개의 개별동이 생겼다. 가운데 주방+다이닝 공간을, 동쪽에 작업실이 딸린 본채와 남쪽에 게스트만을 위한 별채를 세우니, 마치 세 개의 섬이 하나의 지붕 아래 이어진 듯하다. 한옥의 지붕선과 제주의 전통주택에서 영감을 얻었다는 처마, 그리고 각 동을 잇는 넉넉한 데크 역시 제주의 변덕스런 날씨에도 야외 생활을 가능케 하는 공신이 되었다.

1 건축주 부부는 남은 땅에 칼슘나무를 심고 꽃닭을 자연 방사하며 진짜 전원생활을 즐길 꿈에 푹 빠져 있다.

2 가운데 동은 주방과 다이닝룸이, 좌우로는 주거공간이 이어진 제주쉴로의 외관

3 각 동을 이어주는 지붕은 한여름 햇빛을 가리고 비가 오는 날에도 야외를 한껏 쓸 수 있게 해 주는 고마운 처마를 만들어 낸다.

4 유려한 곡선의 지붕선

5

6

지역 특수성 때문에 애초 철근콘크리트로 설계된 집은 중목구조로 변경되었다. 혹시 모를 하자에 대비해 평지붕은 약간의 경사를 두고 방수 및 부자재 연결에 많은 공을 들였다. 시공 당시 지붕의 각 지점 경사도를 3% 이상으로 모델링하고, 부재의 완벽한 치수를 뽑아내는 등 건축가의 부단한 수고가 더해졌다. 각 동의 출입구는 사용성을 확장시키는 동선으로 배치하고, 각각의 독립성을 보장하는 데 주력했다. 다이닝동 내부는 메인 주방과 식당, 보조주방으로 구성하고 키 큰 책장 앞으로 좌식 평상을 만들었다. 방문객은 자연스럽게 입식과 좌식을 넘나들며 열린 공간을 공유한다.
본채와 별채에는 주변 풍광을 창에 어떻게 담아내느냐에 주력하고, 가구들은 대부분 주문 제작해 소재와 톤을 맞췄다. 건축주는 얼마 전부터 제주 여행객과 집을 공유하고 있다. 돌담을 쌓고 꽃을 가꾸고, 방문객들을 위해 아침상을 차리는, 그가 정말 원했던 일상을 시작했다. 이 집은 그런 꿈을 실현해 준, 최상의 선택이었다. **사진 • 송유섭**

5 다이닝 공간은 처마 아래 데크 마당을 함께 사용할 수 있는 구조로 계획되었다. 지붕 구조재를 노출해 인테리어 효과를 극대화하고 평상을 따로 제작해 공간이 더욱 풍성해졌다.

6 모든 가구는 공간에 맞춰 현장에서 제작되었다. 좌식 소파 역시 건축주의 아이디어다.

7 게스트룸의 공용 공간 모습. 전면창을 통해 정원 풍경이 한눈에 들어온다.

7

SKETCH

DIAGRAM

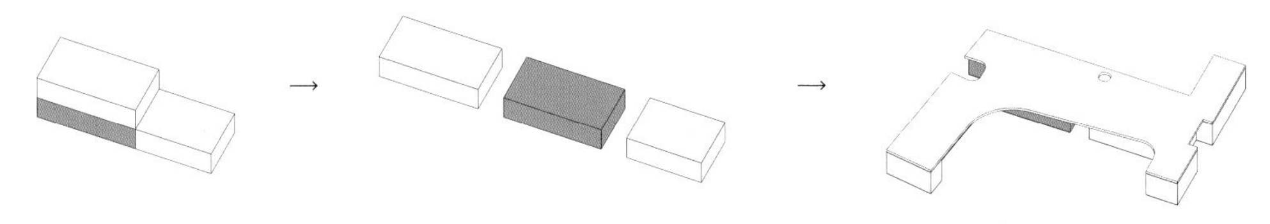

PLAN

①현관 ②주방 ③거실 ④욕실
⑤테라스 ⑥침실 ⑦세탁실
⑧공용식당 ⑨보조주방 ⑩구들방
⑪작업실 ⑫드레스룸 ⑬파우더룸

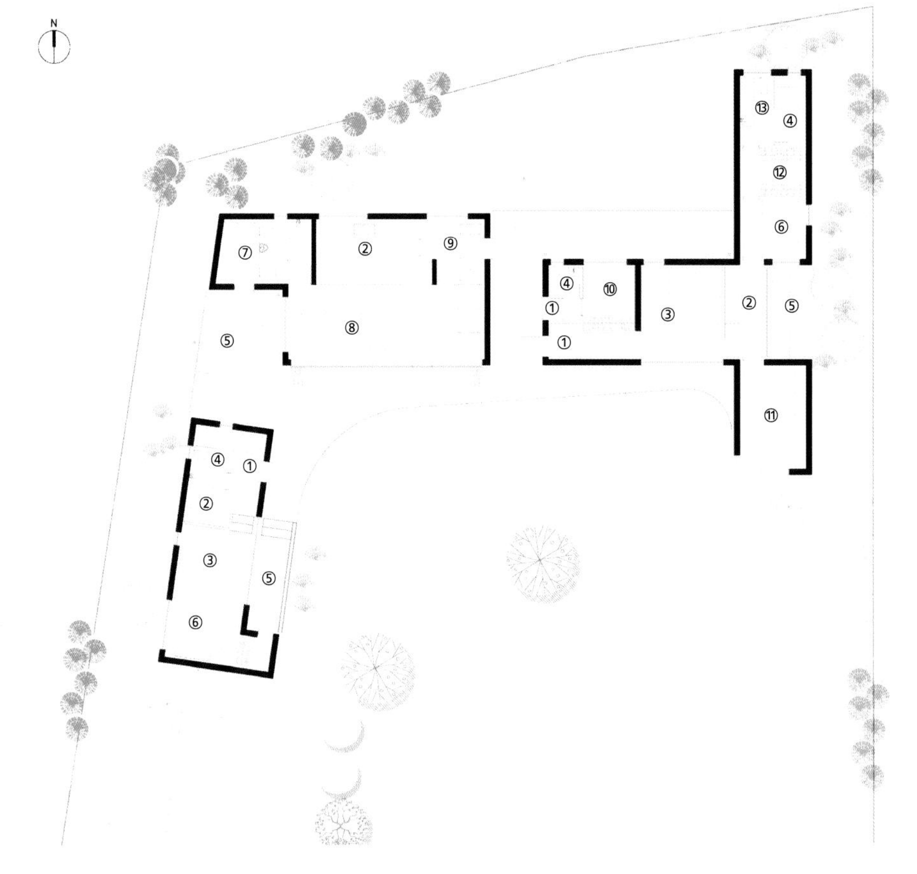

본채 - 75.23M^2 / 주방 및 식당 - 40.37M^2
별채 - 31.01M^2 / 기타(처마 및 창고) - 49.76M^2

5 스크랩우드 패널로 연출한 침실. 돌담과 신록이 창가 너머 가득하다.

6 본채의 취미실 겸 침실. 창문을 통해 보이는 전경을 프레임에 담고자 했다.

8

9

낮은 돌담의 진입로와 너른 잔디 마당 뒤로 세 채의 개별동이 섰다. 각 채들은 고유한 기능을 담고 하나의 지붕으로 이어져 있다.

아내의 꿈과 함께 키운

정원 있는 공방 주택

HOUSE PLAN

대지위치 : 경기도 여주시 | **대지면적** : 1,135m2(343.33평) | **건물규모** : 지상 1층 | **거주인원** : 3명(부부, 자녀 1) | **건축면적** : 164m2(49.61평) | **연면적** : 164m2(49.61평, 주동 - 132m2, 부속동 - 32m2) | **건폐율** : 14.45% | **용적률** : 14.45% | **주차대수** : 2대 | **최고높이** : 4.25m | **구조** : 기초 - 철근콘크리트 매트기초 / 지상 - 철근콘크리트 | **단열재** : 압출법보온판 2종1호, PF보드, 경질우레탄 2종2호 | **외부마감재** : 노출 콘크리트 위 발수 코팅 | **담장재** : 종석미장 | **창호재** : ㈜공간시스템창호 35T 로이강화유리 | **에너지원** : LPG | **조경석** : 금강석재 사비석 | **데크재** : 석재타일 | **전기·기계** : 가양전기 | **설비** : ㈜ 태영이엠씨 | **구조설계** : 인선이엔씨 | **시공·조경** : 건축주 직영 | **설계·감리** : 바이핸드건축사사무소(설계담당 : 곽의선, Aymeric, 김영우) www.by-hand.co.kr

INTERIOR SOURCE

내부마감재 : 외벽 - 노출콘크리트 위 발수제 도포 / 바닥 - 콘크리트 폴리싱 + 솔리드 에폭시 / 천장 - 라왕합판 위 수성 스테인 | **욕실·주방 타일** : 윤현상재 수입타일 | **수전·욕실기기** : 아메리칸스탠다드 | **주방가구** : 현장타설 콘크리트 위 발수제, 그루가구공방(라왕합판 + 수성 스테인) | **조명** : 남광조명 | **현관문** : 공간시스템창호 | **중문** : 노바중문 | **방문** : 대지문집(라왕합판 + 수성 스테인) | **붙박이장** : 그루가구공방(라왕합판 + 수성 스테인) | **데크재** : 콘크리트 폴리싱

인생 제2막을 고민한 부부는 평생의 꿈이라는 씨앗을 숲속 전원주택에 심었다. 목수로서의 삶을 바라온 남편은 공방으로, 전원생활이 로망이었던 아내는 정원을 가꾸며

1

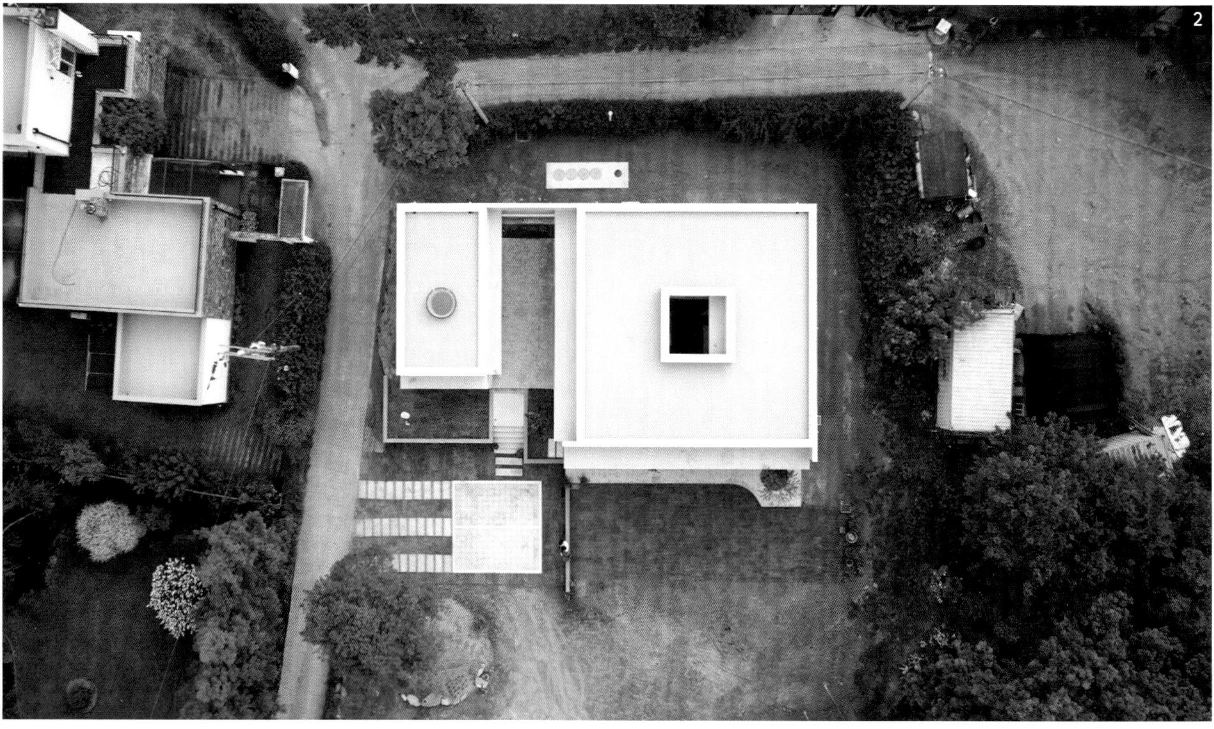
2

건축주 유광옥, 서명주 씨는 30년이 훌쩍 넘는 세월 동안 가정과 직장에서 자신의 직무를 무탈히 수행했다. 그 보상으로 은퇴라는 인생 제2막의 개막을 앞두고 남편은 아내에게 늘 목말라했던 정원을, 아내는 남편이 취미를 넘어 꾸준히 매진해 온 목공에 공방을 선물하고자 했다. 건축주는 평소 눈여겨보던 바이핸드건축사사무소 서성직 소장에 의뢰해 전원주택이자 공방주택을 지어 올렸다.

주거공간은 은퇴 후라는 라이프사이클에 맞춰 깔끔한 선을 가진 단층으로 계획되었다. 부부만 지내기에 침실과 거실의 크기를 줄였고, 대신 주방과 응접실에 집중했다. 대지 면적과 비교해 주택 면적은 다소 작은 편인데, 정원 가꾸기라는 아내의 꿈을 펼칠 수 있도록 마당을 여유 있게 잡았기 때문이다. 별채로 분리된 공방은 작업 편의성에 초점이 맞춰졌다. 폴딩도어로 공간의 확장성을 도모하면서 장비 및 작품의 출입이 편리하게 했고, 안전한 작업을 위한 조명을 보강하면서 천창으로 자연채광 또한 풍부하게 담아냈다. 외관과 인테리어는 건축주의 주문으로 일관성 있게 노출콘크리트로 마감되어 독특한 스타일과 분위기를 자아냈다.

서성직 소장은 "마감 품질을 확보하기 위해 동절기 공사가 제한적이었던 데다 거푸집 수배부터 골조 사이에 단열재를 넣는 복잡한 중단열까지 여러 디테일이 필요했다"며 현장에 대해 소회했다. 입주한지 이제 두 달. 건축주는 아내와 함께 넓은 마당을 정원으로 바꿔나가는 작업이 고되지만, 매일의 일과에 즐거움을 표현했다. 공방도 이제 설비의 세부 조정만 마치면 바로 가동할 수 있다는 그, 인생의 새로운 무대가 이제 온전히 막을 열었다. **사진 · 김용수**

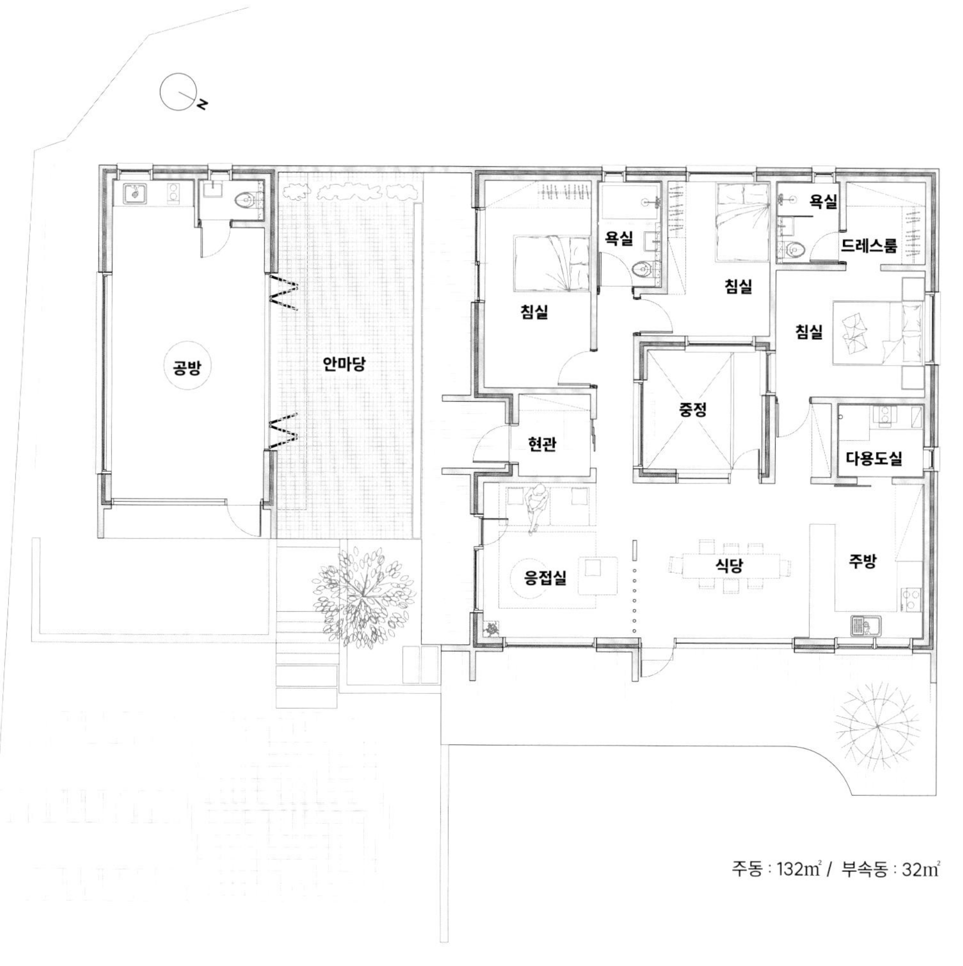

1·2 본동과 별동으로 나뉘었지만, 도로에 면한 벽은 이어져 있어 안마당의 프라이버시를 확보하고 건물을 규모 있게 연출했다.

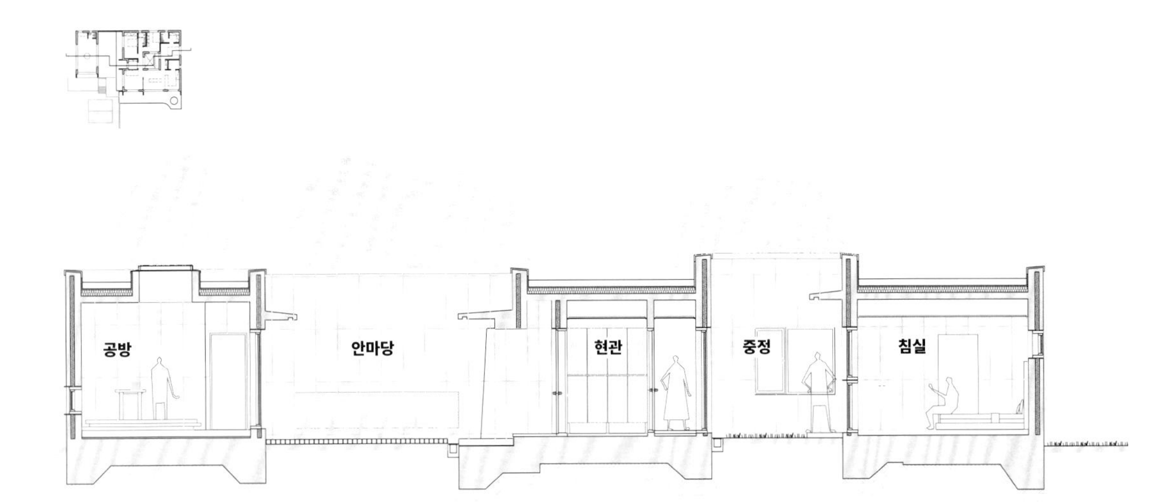
공방
안마당
현관
중정
침실

3

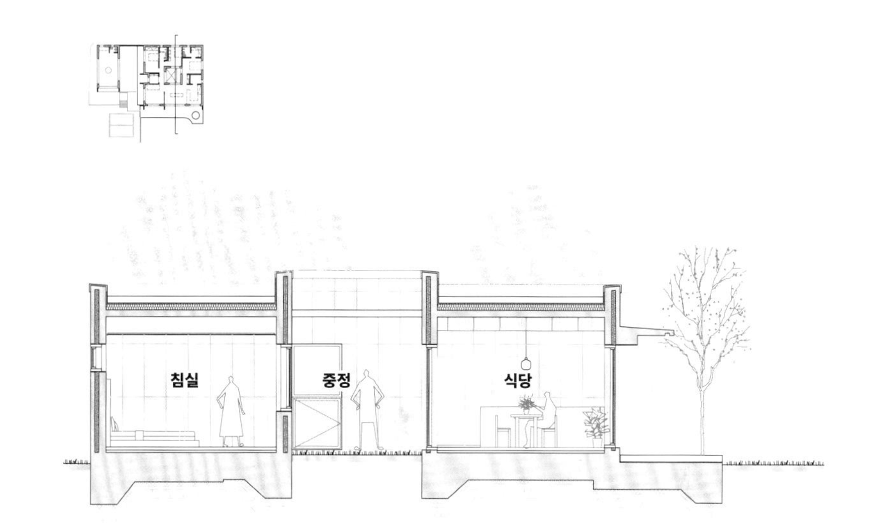

3 처마와 날개벽은 출입 시 공간 변화에 있어 안정감을 더해 준다.

4 대지에 처음부터 있던 자두나무는 건물 배치에 여러 영향을 미쳤다.

5 식당과 응접실은 기둥과 얇은 환봉으로, 갑갑하지 않으면서 자연스럽게 구분했다.

6 주방은 싱크대에도 노출콘크리트를 적용해 독특한 스타일로 완성했다.

7 전면의 긴 세로창과 안마당 방향의 넓은 창이 시원스런 조망을 제공하는 응접실.

공방 주택의 포인트

필요할 때 나누고 늘리는 폴딩도어

공방은 기본적으로 소음과 분진이 많아 평소 작업 중에는 폴딩도어를 닫아 분리하고, 큰 작품이 오가거나 더 넓은 작업 공간이 필요한 경우에는 열어서 공간과 출입구를 확장한다.

더 밝은 작업환경과 천창

목공 작업은 위험한 장치를 사용하는 만큼 밝고 명확한 작업 환경이 필요하다. 천창은 낮 시간의 부족한 채광을 보충하면서 때론 잠시 하늘을 보며 작업을 쉬어 가는 오아시스가 되어 준다.

소품부터 테이블까지

취미로 시작했던 목공이지만, 점차 작업과 작품이 고도화되면서 건축주는 제2의 인생에서의 새로운 직업으로 고민을 거듭해나가고 있다. 향후 우드카빙에도 영역을 넓힐 생각이라고.

약간 경사진 대지 덕분에 진입부에서 본 주택은 단층이지만 규모에 볼륨감이 있어 보인다.

기능과 효율이 좋은 집

삼천포 1.4ℓ 패시브하우스

HOUSE PLAN

대지위치 : 경상남도 사천시 | **대지면적** : 659m2(199.34평) | **건물규모** : 지상 1층 | **건축면적** : 127.06m2(38.43평) | **연면적** : 120.92m2(36.57평) | **건폐율** : 19.28% | **용적률** : 18.34% | **구조** : 기초 - 철근콘크리트 매트기초 / 지상 - 중목구조 | **주차** : 1대 | **단열재** : 벽 - THK150 비드법보온판 1종3호 + THK105 셀룰로오스 / 지붕 - THK311 셀룰로오스 | **외부마감재** : 외벽 - 외단열 미장 마감, 말라스 하드우드 / 지붕 - 컬러강판 | **창호재** : Aluplast | **열회수환기장치** : SSK 로터리형 | **설계** : 해가패시브건축사사무소 조민구 | **시공** : 해가패시브건축
www.haegapassive.com

INTERIOR SOURCE

내부마감재 : 벽 - 친환경 페인트 / 바닥 - 원목마루 | **욕실 및 주방 타일** : 이태리 수입 타일 | **수전 등 욕실기기** : 아메리칸스탠다드 | **주방 가구** : 네오키친 | **현관문** : 폴란드 바이킹도어(Ud=0.63 W/m2K) | **방문** : 주문제작 | **붙박이장** : 한샘 | **데크재** : 삼나무 방부목

민트색 지붕과 'ㄱ'자 배치로 프라이빗하게 마당을 누리는 집.
북카페를 닮은 내부는 더 매력적이다. 이제 '패시브하우스는 못생겼다'는 편견을 버려야 할 때.

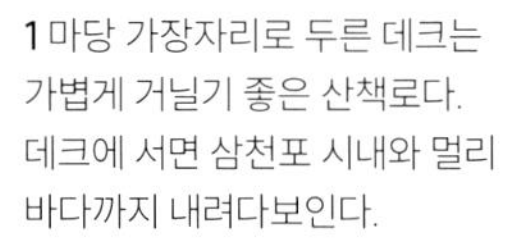

1 마당 가장자리로 두른 데크는 가볍게 거닐기 좋은 산책로다. 데크에 서면 삼천포 시내와 멀리 바다까지 내려다보인다.

2 외부 전동 차양을 모두 내린 주택의 모습. 패시브하우스의 필수 장치로 복사열을 차단해 여름철 냉방 부하를 낮추는 일등 공신이다.

3 집으로 들어가는 초입. 대문을 열면 현무암으로 포장된 긴 진입로가 나오고 안쪽으로 프라이빗한 마당이 숨겨져 있다.

월세 0원인 사원 아파트 포기하고 선택한 패시브하우스

삼천포 화력발전소에서 근무하며 여덟 살 딸 하나를 둔 맞벌이 부부는 얼마 전까지 사원 아파트에서 살았다. 회사에서 무료로 제공하는 집은 세 식구가 살기에 그리 넓진 않아도 집세 부담이 없다는 큰 장점이 있었다. 그러나 마당 있는 집을 원한 남편의 끈질긴 설득 끝에 가족은 단독주택행을 결심했고, 스무 권이 넘는 집짓기 책을 정독하며 패시브하우스가 답이라는 결론을 얻었다.

경남 사천시는 남부 지역 중에서도 최하단에 위치해 단열 기준이 낮은 편이다. 그러나 추위를 많이 타는 두 사람은 해풍과 골짜기로 스며드는 칼바람이 염려돼 단열과 기밀은 물론 여름철 냉방부하와 쾌적한 공기질까지 보장되는 집, 패시브하우스로 방향을 잡았다.

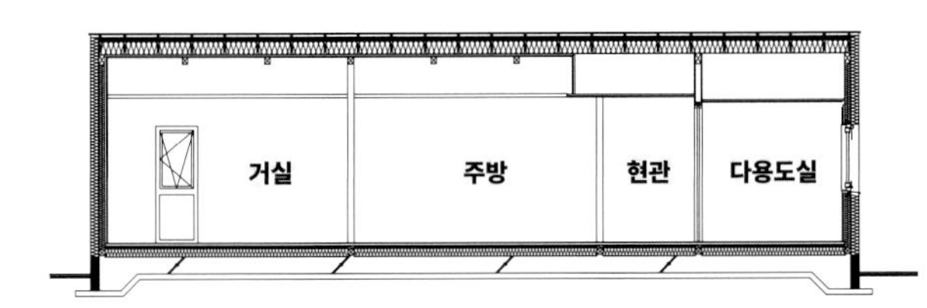

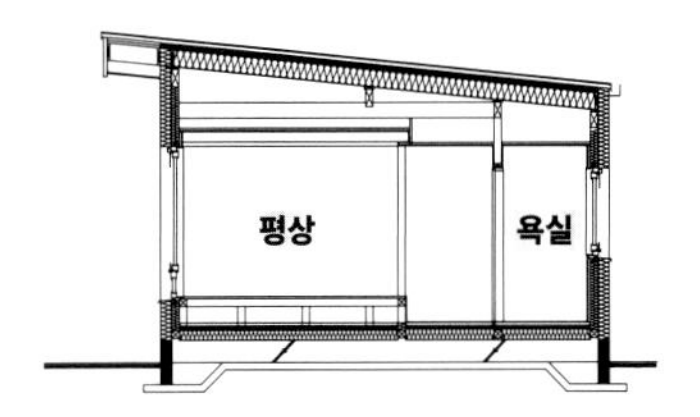

[삼천포 1.4L 패시브하우스의 포인트]

3kW 태양광 발전

3kW 태양광 집열판을 창고 지붕에 달고 안에는 자전거 등을 보관한다. 덕분에 5월 한달 전기료는 삼천 원 남짓

용도별로 분리한 화장실

양치나 손씻기를 위한 파우더는 밖으로 빼서 분리하고(위) 화장실 안에는 미니 세면대를 두었다(아래).

북카페 같은 거실

공기 순환을 위해 설치한 목재 실링팬과 현장 제작한 책장이 부재를 노출한 거실과 절묘하게 조화를 이룬다.

이 집에 적용된 시공 포인트

Ⅰ 기초 – 바닥 단열재 위치에 따른 방수 시트 유무

매트 기초 타설 후 기초 슬래브 상부를 깨끗이 청소를 한다. 전면 방수 시트를 깔고 그 위에 토대목을 대고 중목구조재 조립이 시작된다. 이 집의 경우 바닥 단열재가 매트 기초 상부에 놓이기 때문에 건축 물리적인 사항을 고려하여 전면 방수 시트를 깔아야 했다. 단, 단열재가 기초 하부에 설치될 경우에는 깔지 않아도 된다.

Ⅱ 구조 – 정확하게 재단된 목재와 쉬운 조립의 프리컷 시스템

토대목을 보면 얕은 홈과 긴 홈이 파인 것을 볼 수 있다. 깊은 홈은 기둥이 박히는 자리이고, 얕은 홈은 기둥 사이의 보조 기둥 자리이다. 모든 부재가 위치에 맞게 기호가 표시되고, 선가공이 되어 있어 조립하는 시간을 단축할 수 있고 조립이 쉽다. 이후 각 부재의 접합부에 보강 철물을 설치하고, 구조체 외측에는 기밀층으로 형성할 구조용 합판을 시공한다.

Ⅲ 단열 – 외단열 위한 비드법보온판 + 조습 성능 있는 셀룰로오스

외단열재로 비드법보온판 1종3호를, 물과 닿는 하부 단열재는 흡수율이 낮은 분홍색 압출법보온판 1호를 부착했다. 외단열 미장 마감 시 단열재로 비드법보온판 1,2호를 사용하면 미장 바탕의 부착력이 확보되지 않아 밀도가 높은 3호를 권한다. 한편, 목조는 건식이고 경량이라 열을 품을 수 있는 용량이 작기 때문에 밀도가 높고 조습 성능이 있는 셀룰로오스를 내부에 충진했다.

Ⅳ 기밀 – 안팎으로 끊김 없는 기밀층 형성이 관건

통기층 상부에 지붕 마감재의 부착을 위한 합판이 시공된 모습이다. 실내측의 가변형 방습지가 기밀층을 형성하며, 외벽 구조체 외부의 구조용 합판과 연결되어 집 전체의 기밀층을 형성한다. 구조용 합판을 기밀층으로 만들기 위해 합판이 맞닿는 모든 부위를 기밀 테이프로 처리해야 하는데, 실내측은 기둥과 보조 기둥으로 인해 작업이 어려워 외부에 기밀 작업을 진행했다.

Ⅴ 기밀 테스트와 열회수환기장치

기밀 공사가 완료되면 마감재가 덧붙여지기 전에 기밀 테스트를 해야 한다. 그래야 외벽에서 바람이 새는 곳을 찾아 보수할 수 있기 때문이다. 건축 회사에서 블로어도어 테스트 장비를 보유하고 있어 언제든 기밀 테스트를 진행할 수 있었다. 기밀 성능(n50)은 0.5회가 조금 넘은 수준. 또한, 실내 오염된 공기와 신선한 바깥 공기를 교환하는 열회수환기장치도 달았다.

4 'ㄱ'자 배치 중 한쪽은 온전히 주방과 거실로 할애하고 통창을 둔 열린 구성이다.

5 현관 가까이 다용도실 겸 세탁실을 두어 부족한 수납공간을 확보했다.

6 모든 방에는 창을 두 개씩 내 통풍에 신경 썼다.

10:20

막힘없는 공간은 개방감과 깊이감이 동시에 느껴진다. 중목구조의 매력은 노출된 부재에 있는데,
외부로 드러나는 곳에는 편백나무를 썼다.

7 다목적으로 쓰이는 평상. 거실과 사적 공간의 교차점에 위치해 입식 거실의 아쉬움을 달래주는 공간이다.

8 사적 영역이 시작되는 'ㄱ'자 배치의 다른 한편. 거실과 달리 요철 있는 공간과 화이트 톤 인테리어가 대비를 보인다.

9 욕실에는 하루의 피곤을 푸는 히노끼 욕조를 두었다. 적당한 크기의 창 덕분에 습기와 곰팡이가 생길 틈이 없다.

10 이 집에는 거실에 TV가 없다. 대신 가족은 주로 다이닝룸에서 함께 시간을 보낸다.

건축주는 '거실은 북카페, 욕실은 호텔식 구성'을 요청했다. 중목구조로 구현한 너른 경간, 목재를 노출해 경쾌한 실내, 'ㄱ'자 복도식 동선, 시원한 통창 등 '패시브하우스는 제약이 많다'는 말이 무색할 만큼 원하는 요소들이 곳곳에 반영되었다. 이 집을 설계한 해가패시브건축 조민구 소장은 "자연의 힘을 충분히 이용한 다음, 패시브하우스를 구현해야지 열 손실이 걱정돼 필요한 창도 못 내고 불편한 생활을 감수하는 건 패시브하우스 이전에 집의 기본조차 지키지 못하는 것"이라 설명했다. 그러면서도 태양광 발전을 통해 5월 한 달 전기료는 기본요금만 냈으니 디자인과 성능을 모두 잡은 셈이다. 건축주 부부는 우리나라가 얼마나 엄청난 양의 발전 원자재를 수입하는지, 얼마나 빨리 그걸 다 쓰는지 보면서 집을 새롭게 보게 되었다고.
"집 한 채를 에너지 자립형으로 짓는다고 해결될 일은 아니지만, 앞으로 패시브하우스처럼 효율 좋은 집이 필수조건이 될 거예요." **사진 • 변종석**

10

유려한 곡선에 여유를 담은 집

인제 선유재 仙遊齋

HOUSE PLAN

대지위치 : 강원도 인제군 | **대지면적** : 999m2(302.19평) | **건물규모** : 지상 1층 | **거주인원** : 2명 | **건축면적** : 108.84m2(32.92평) | **연면적** : 108.84m2(32.92평) | **건폐율** : 10.89% | **용적률** : 10.89% | **구조** : 기초 - 철근콘크리트 매트기초 / 지상 - 경량목구조 2×4 구조목(J-grade) + 경량철골조 하이브리드 | **주차** : 1대 | **최고높이** : 5.5m | **단열재** : 기초 - 압출법보온판 1호 300mm / 외벽·지붕 - 우레탄폼 140mm | **외부마감재** : 외벽 - 토로 보나토 흙미장(친환경) / 지붕 - 진회색 아스팔트 싱글 | **내부마감재** : 벽·천장 - 무절 히노끼 루버, 친환경 수성페인트 등 / 바닥 - LX하우시스 지인 지아마루리얼 | **욕실 및 주방 타일** : 비앙코 타입 대리석 타일, 진올리브타일 | **수전 등 욕실기기** : 대림비앤코 절수형양변기, ㈜HS세라믹 수전 | **주방 가구** : 미라클퍼니쳐 박병순 | **조명** : 필립스 LED T5 | **현관문** : 이건 EVO | **중문** : 이노핸즈 여닫이문 | **방문** : 예림도어 | **창호재** : 공간시스템창호 AL시스템 고단열창호 오길택 | **에너지원** : 기름보일러, 전기온수기 | **철물하드웨어** : 메가타이 | **전기·기계·설비** : ㈜선인기술단 이진성 | **구조설계(내진)** : ㈜에스큐브이엔지 정성욱 | **시공** : 직영공사+해담건축CM 안태만, 류병화 | **설계** : ㈜해담건축 건축사사무소 안태만, 송정한, 이정현

www.haedam.biz

아름다운 선을 가진 산세, 유유히 흘러가는 물줄기.
산수일체가 가진 자연의 흐름을 집에 고스란히 담았다.
산수를 즐기는 요산요수의 신선이 거닐다 갈 듯한 집이다.

1

건축주는 이 대지를 보면서 '선유(仙遊)'라는 개념을 떠올렸다. 산과 물이 어우러지는 이 땅에 신선이 내려와 잠시 놀다 갈 것 같이 자연에 녹아든 집을 짓고 싶었다. 또한 손님을 맞이하기 위한 집인 만큼, 도심에서는 경험하기 어려운 독특한 공간과 휴식을 공유하고 싶었다. 이런 과제를 맡은 해담건축의 안태만 대표는, 규모가 있는 주택이라고 해도 적지 않다고 할 일 년 반이라는 시간을 들여 이 프로젝트의 디테일을 만들어나갔다. 주택 전반에 '선유'를 구현한 곡선이 강렬한 인상을 남기는 선유재에는 이를 위한 여러 디테일이 요구되었다. 먼저, 선유재의 곡선은 작은 면적이었기에 오히려 특별한 구조 해석이 필요했다. 이는 단일 구조체가 아닌 철근콘크리트와 경량철골, 경량목구조가 서로 유기적으로 관계를 맺는 하이브리드 구조로 뒷받침되었다. 곡선 지붕의 마감재로는 아스팔트싱글이 사용되었다. 비용적인 고려도 있었지만, 형태와 질감에서 '비늘' 또는 '소나무 껍질'과 같이 주변에 녹아들 수 있는 질감을 도출해낼 수 있다는 이유도 작용했다.

1 기초를 지면에서 들어 올리는 플로팅 플레이트 기법을 적용, 누각처럼 가볍게 떠 있는 듯한 느낌을 줬다.

2 자연을 연상케하는 독특한 질감의 흙마감을 벽면과 함께 문 위에까지 작업해 외관 표현에 일체감을 부여했다.

3 선유재의 주제를 가장 잘 드러내는 전면의 곡선들.

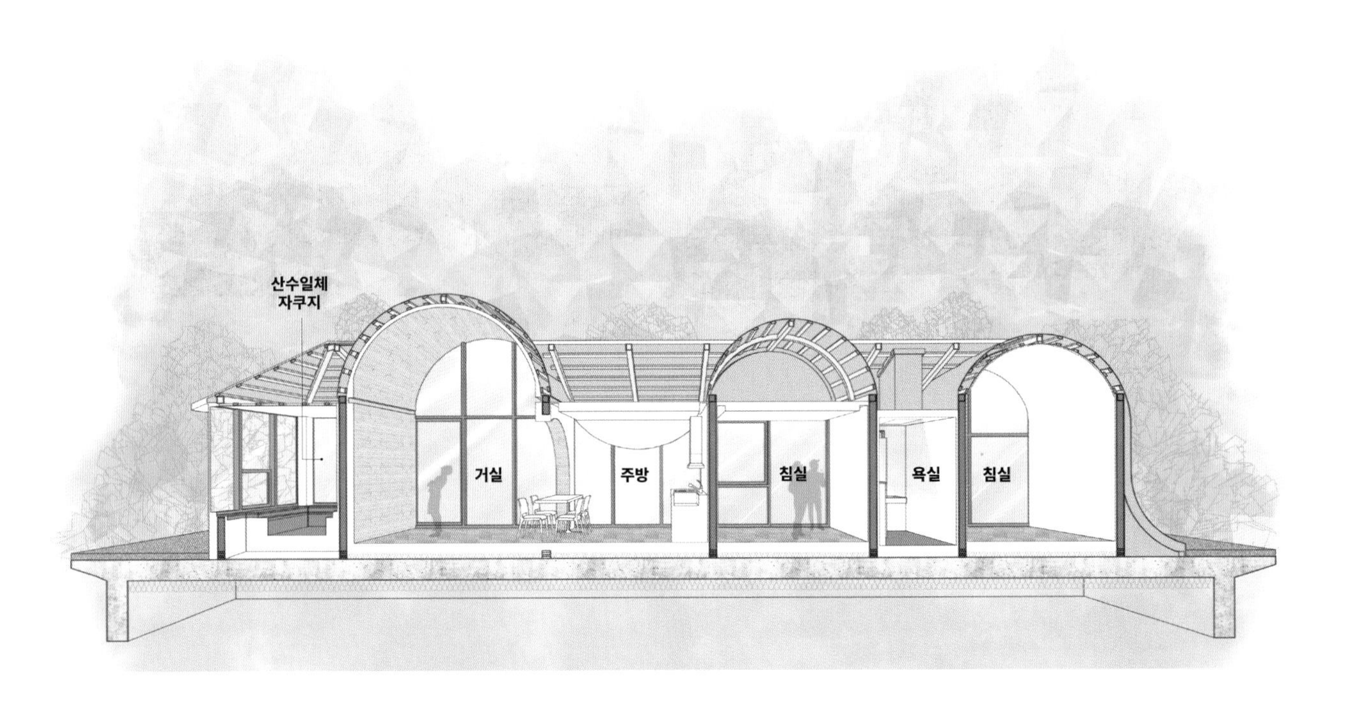
산수일체
자쿠지
거실
주방
침실
욕실
침실

보일러실
창고
현관
산수일체
자쿠지
욕실
침실
침실
주방
거실
플로팅 플레이트 데크

유선형 매스는 실내 공간 형성에도 큰 영향을 줬다. 거실과 큰 방은 곡선 지붕을 그대로 품었다. 특히 거실은 5m가 넘는 높이의 아치 천장을 가졌는데, 중첩되는 아치와 곡선, 바닥에 적용된 대리석 타일은 '선유'라는 동양적인 분위기 안에서 현대적이면서 웅장한 분위기를 만드는 데 일조한다. 또한 자쿠지 공간은 넓은 뷰를 담을 수 있는 창과 다른 공간과 달리 올리브색 타일이 적용됐다. 짙은 녹음을 연상케하는 컬러와 창밖 풍경, 여기에 몸을 담가 멀리 산세를 보면 선유재가 추구한 '산수일체'를 오감으로 경험할 수 있다.
모험적인 공간이었던 만큼 집이 지어지기까지 쉽지 않은 토론과 고민이 거듭되었다. 하지만, 그럼에도 집이 미묘함과 여유를 함께 가진 '선유재'로 완성될 수 있었던 것은 건축가와 건축주 모두 서로의 마음이 부드럽게(柔) 녹아있기 때문일 것이다. **사진 • 최진보**

4 주방은 막혀 있지 않지만, 아치로 공간이 구분된다.

5 천장과 처마가 만드는 시야가 산세와 함께 흘러간다.

6 주방-거실-복도-자쿠지 등 아치 형태의 개구부가 중첩되며 레이어드된 공간을 형성한다.

4

5

6

7 욕실 천장에는 천창을 두어 낮에도 늘 밝다.

8 목욕을 즐기며 여유롭게 산세를 감상하기 좋은 자쿠지.

9 침실이 자리한 동편부터 서편까지 복도 형태로 시야가 시원스레 뻗는다.

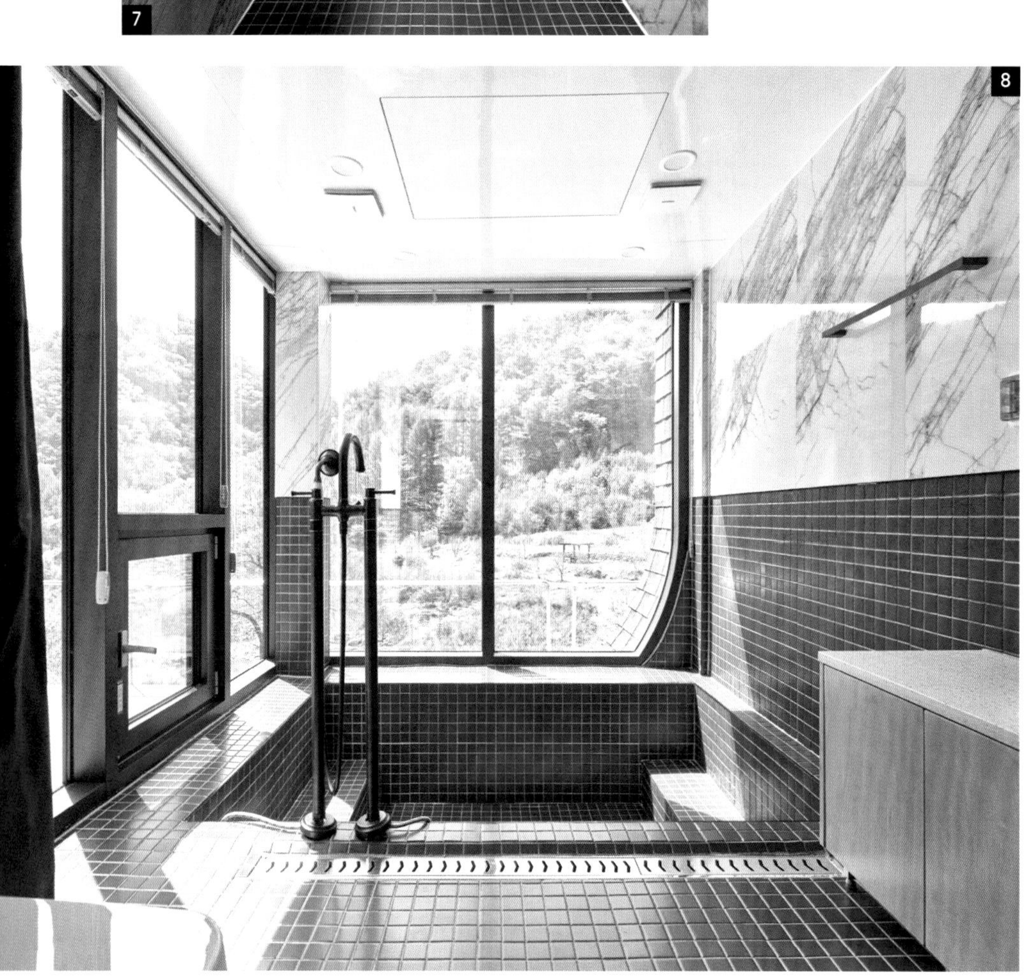

9

오래도록 기억될 경험의 시간
진천 여름방학

HOUSE PLAN

대지위치 : 충청북도 진천군 | **대지면적** : 343.2㎡(103.81평) | **건물규모** : 지상 1층 | **거주인원** : 4명(부부, 자녀 2) | **건축면적** : 155.88㎡(47.15평) | **연면적** : 155.88㎡(47.15평) | **건폐율** : 45.42% | **용적률** : 45.42% | **주차대수** : 1대 | **최고높이** : 6.3m | **구조** : 기초 – 철근콘크리트 매트기초 / 지상 – 경량목구조 벽 : 2×6 구조목, 지붕 : 2×10 구조목 | **단열재** : 수성연질폼 벽체 – 140mm, 지붕 – 235mm | **외부마감재** : 외벽 – 모노타일 옐로우 500x40 / 지붕 – 0.5T 컬러강판 다크그레이 | **내부마감재** : 벽, 천장 – 친환경 삼화페인트 도장 / 바닥 – 호인우드 원목마루+강마루 | **데크재** : 방킬라이 | **담장재** : 철제 난간 | **창호재** : 이플러스 시스템창호(THK43 삼중유리) | **열회수환기장치** : 하츠 코나s(PHES-300H) | **에너지원** : LPG | **조경석** : 현무암판석, 화강암, 파쇄석, 백자갈 | **조경** : HJ조경 | **구조설계(내진)** : SM구조엔지니어링 | **시공** : 맑은주택 변수웅 | **설계·감리** : 지점토건축사사무소 이정욱 [인스타그램 jijeomto_work]

INTERIOR SOURCE

욕실 및 주방 타일 : 바스디포 | **수전 등 욕실기기** : 스탠다드인터내셔널 | **주방 가구·붙박이장** : 마춤가구 우노 | **조명** : 3인치 매입조명, T5-LED 라인조명 | **아이방 가구** : 자작나무합판(현장제작) | **계단재** : 애쉬 집성목 + 환봉난간 | **현관문** : 성우스타게이트 | **중문** : 아이엠메탈 | **방문** : 영림도어 + 도장 마감, 무늬목 마감

아이의 생애 첫 여름방학과 함께 시작된 집 짓기.
두 팔을 벌린 듯 열린 집은 자연과 흙, 가득차는 햇살을 안고 빛나고 있다.
생기 넘치게 여울져 가는,
사랑스러운 네 가족의 영원한 방학이 될 집.

진천 혁신도시의 한 택지, 동측에 놓인 공원을 향해 양팔을 벌린 모양처럼 자리 잡은 주택. 깔끔하고 정갈한 외장과 동시에 평행하지 않고 오른쪽 매스를 좀 더 열어둔 모습이 장난스럽게 느껴지는 이곳은 네 가족의 보금자리이자 새로운 경험의 공간이다. 첫째 아들 세온이의 첫 방학을 위한 선물을 뜻하는 집의 이름 '여름방학'. 건축주인 임종헌·이화정 씨 부부는 이전에는 인근 지역에서 아파트 생활을 했다. 1층에 살았기에 그나마 창문을 열면 자연과 닿는 환경이었지만, 자라나는 아이들에게 방이 각각 필요해질 것을 절감하며 이사를 계획하던 차였다. 정돈된 주택 단지들을 바라보다 문득 '우리도 가능하지 않을까?'라는 생각이 스치며 전원주택의 계획과 로망이 차츰 자리 잡기 시작했다. 그러다 눈을 사로잡은 지금의 땅을 발견해 계약하면서 계획은 본격화되기 시작했다. 박람회를 다니며 관련 도서와 잡지를 찾아보고, 다양한 독채형 스테이에도 머물러보며 건축주로서 공간에 대한 안목과 취향을 키워나갔다.

1 마당을 향해 열린 ㄷ자 형태의 주택. 초기 계획보다 남측의 매스를 살짝 더 열어 더 많은 빛을 품도록 했다. 평행하지 않기에 더욱 매력적인 면모를 가진다.

2 자연을 향해 열린 데크와 마당은 계절을 만끽하며 다양한 야외활동을 할 수 있도록 넉넉하게 구성했다.

2

부부의 마음속 취향은 어느새 중정을 낀, 그러나 자연을 향해 열린 ㄷ자형의 구조로 굳어졌다. 중정이 가진 고유의 프라이빗함도 중요하지만, 자연을 곁에 두고 사는 삶의 소중함을 이미 알고 있었기 때문이다. 또 공적 공간과 사적 공간을 완전히 분리해 사용하기를 원했기에, 두 개의 매스를 뚜렷하게 두는 게 더욱 중요해졌다. 많은 이들이 100평 정도의 대지가 다가구주택도 가능한 조건이라 했지만, 단독주택의 꿈을 실현하기 위해 과감하게 다락을 낀 단층주택으로 설정했다. 이 모든 과정을 지인을 통해 만난 지점토 건축사사무소와 함께했다. 설계를 맡은 이정욱 소장은 건축주 부부의 주요 요청사항이었던 공간의 배치부터 풀어나가기 시작했다. 공용 매스와 개인 매스를 평행하게 설정해 자연스럽게 중정을 확보했다. 관건은 공용 공간을 남과 북 중 어느 방향에 두는가에 있었다. 주차 진출입으로 인해 남쪽으로 형성된 현관을 따라 남쪽에 공용 공간을 두자니 중정 마당이 거실의 북측에 자리 잡게 되어 채광과 조망이 불리해지는 게 흠이었다.

3

4

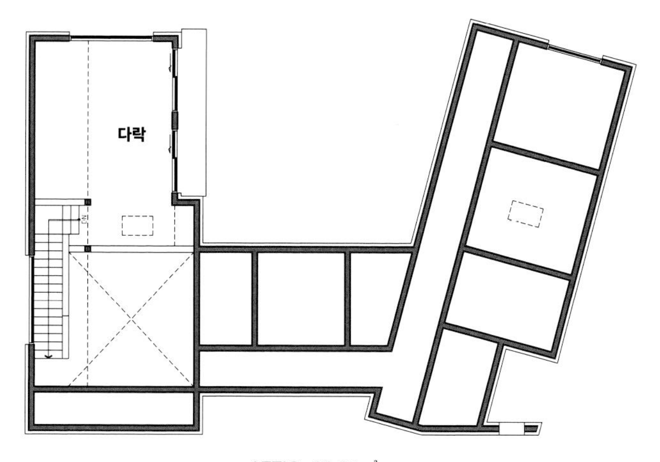

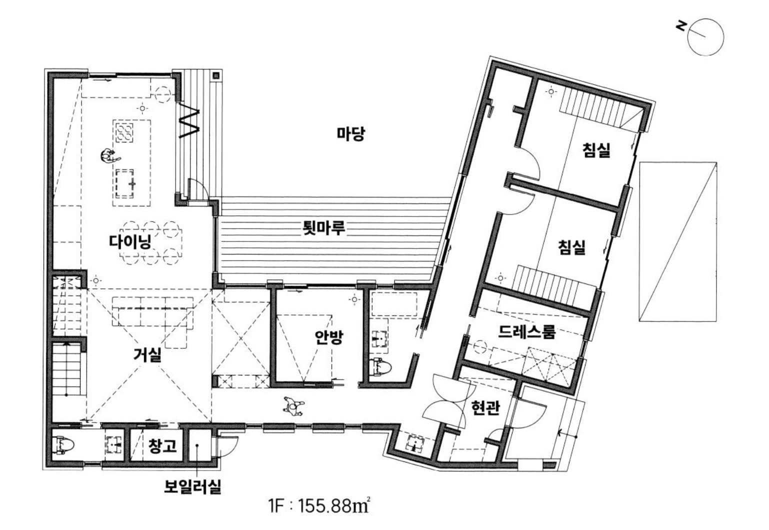

3·4 거실과 마당, 공원까지 세 방향으로 열린 주방. 다양한 창 구성으로 언제나 따스한 공간이다. 천장부에는 곡선 형태의 간접 조명을 넣어 공간에 재미를 더했다.

5 아이방 계단 밑으로는 다양한 수납 아이디어를 포함시켜 아이들이 성장함에 따라 다양하게 활용할 수 있도록 했다.

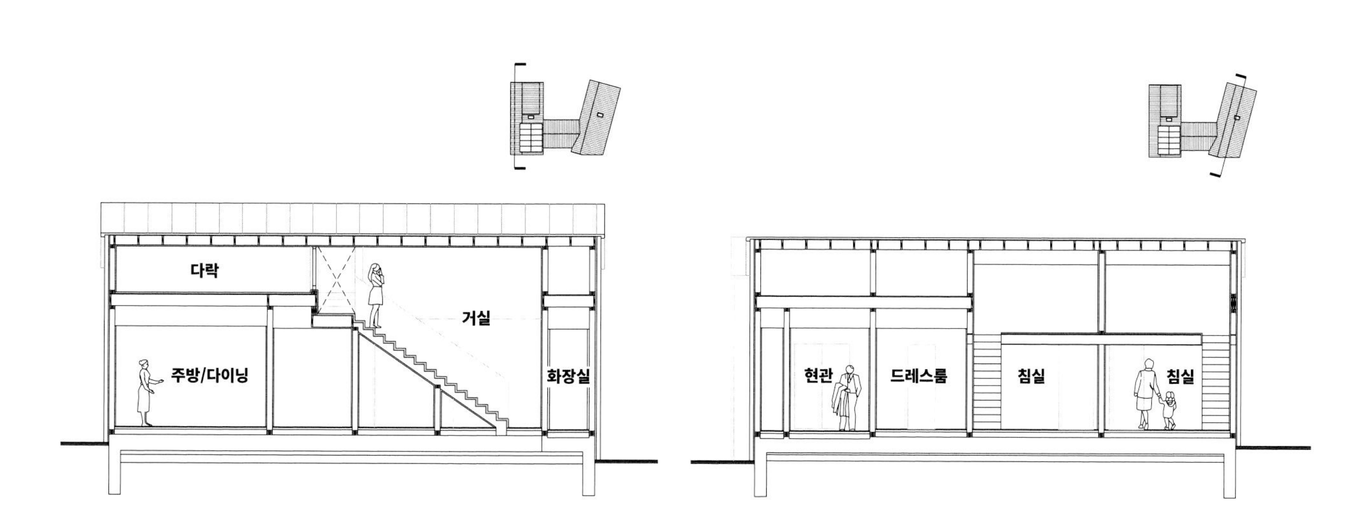

결국 복도와 함께 거실까지 가는 동선이 길어지는 것을 감안하고 북쪽에 거실과 다락을 배치한 뒤, 평행한 남쪽 매스를 살짝 더 열어 적극적으로 채광을 받아들이며 보다 넓은 마당을 만들게 되었다. 완성된 집은 아늑한 각자의 방으로 흩어지고, 보다 개방적인 북측 매스로 모이는 형태이다. 또 마당의 이점을 누리기 위해 다양한 창을 적극적으로 구성했다. 이는 공용 공간과 사적 공간 사이에 설치한 부부침실에서 각 공간으로 시야의 연결성을 높여 아직 어린 두 남매가 어디에 있든 빠르게 보살필 수 있도록 한 구성이다. 핵심 공간인 북측 공용 공간은 주방과 거실, 다락이 유기적으로 연결되는 구조다. 주방 앞에는 데크형 툇마루를 둬 아이들의 놀이 공간은 물론 계절과 날씨를 즐기며 마당생활의 로망을 충실히 실현한다. 방학은 아이들을 위한 경험의 시간이다. 학교 밖에서 만나는 새로운 삶의 기회. '여름방학'은 이제 처음 맞는 봄을 지나, 먼 훗날 세온이와 하온이의 기억 속에 영원한 추억의 단어처럼 남을 보금자리가 될 것이다. **사진 · 변종석**

6 화이트 톤과 우드가 돋보이는 거실은 오픈 천장과 평상, 곡선의 슬라이딩 도어 등으로 미니멀하면서도 다채로운 매력이 있는 공간이다.

7·8 오픈 천장과 복층 가구로 아이들만을 위한 작은 다락처럼 구성한 세온, 하온 남매의 방. 두 방은 아이들만이 통할 수 있는 크기의 문으로 연결되어 있다.

9 현관과 중문 너머 건식 세면대를 설치해 외출 전후 위생을 위한 공간으로 꾸몄다.

10 개인 침실들 사이에 둔 세탁실 겸 드레스룸. 콤팩트한 구성과 화이트 인테리어가 조화를 이룬다.

6

7

8

9

10

오각형의 창과 문으로 이어지며 열리는 거실 평상은 온 가족이 모이며 때로는 손님을 맞이하기에도 좋은 공간이다.

하늘이 비치는 집
네모난 단층주택

HOUSE PLAN

대지위치 : 경기도 여주시 | **대지면적** : 419m2(126.75평) | **건물규모** : 지상 1층 | **거주인원** : 2명(부부) | **건축면적** : 160.31m2(48.49평) | **연면적** : 147.05m2(44.48평) | **건폐율** : 38.11% | **용적률** : 34.94% | **주차대수** : 1대 | **최고높이** : 4.2m | **구조** : 철근콘크리트구조 | **단열재** : 바닥 - T130 압출법보온판 특호 / 벽체 - T140 비드법보온판 2종1호(가등급) / 지붕 - T220 비드법보온판 2종3호(가등급) | **외부마감재** : 스터코 | **내부마감재** : 벽 - 삼화페인트 친환경 도장, 요코합판 위 투명스테인 / 바닥 - 스타마루(강마루) | **욕실 및 주방 타일** : 을지로 한양타일 | **수전 등 욕실기기** : 대림바스 | **주방 가구** : 협정가구 | **조명** : 룩스몰(LUXMALL) | **현관문** : 단열방화도어 위 우레탄도장 | **방문** : 영림도어 | **창호재** : 공간 알루미늄 시스템창호 | **열회수환기장치** : 에코버 | **에너지원** : 기름보일러 | **조경** : 건축주 직영 | **시공** : JD 건축 | **설계·감리** : JYA-RCHITECTS 원유민, 조장희, 성지은 **http://jyarchitects.com**

은퇴 후 둘이서 밭을 일굴 땅을 찾으러 다니다가,
경치 좋고 볕 좋은 이곳에 반해 그대로 눌러앉고 말았다.
예고 없이 선물처럼 안긴 새로운 일상. 길게 뻗은 천창 너머
하늘이 보이는 집은 부부의 삶을 충실히 담는다.

깨끗한 하얀색에 네모반듯한 단층집이 멀리서도 한눈에 들어온다. 길에서는 창도 하나 찾아보기 힘든 모습이 사뭇 차갑다 느낄 때쯤, 집 앞에 놓인 청록색 벤치가 잠시 쉬었다 가라며 정답게 반긴다. 퇴임 후 이제 막 새로운 인생을 열어가려던 부부는 우연히 이 땅을 만났고, 자연과 더 가까이 살고자 집을 지었다. 이웃집과 거리가 꽤 가까운 동네라 주변 시선으로부터 자유로워야 했고, 땅이 가진 멋진 전망도 포기할 수 없었다. 그리하여 집은 인접도로와 거리를 두기 위해 남향 창이 하나도 없는 집이 되었고, 대신 천창을 매우 길게 내어 실내 채광을 확보했다.
싱가포르에서 6년을 살았고 해외 출장도 잦았다는 부부의 집 곳곳에는 이국적인 물건이 가득하다. 개성 있는 패턴과 색감의 찻잔과 장식품, 손때 묻은 나무 가구들이 따뜻한 공간을 이룬다. 개울과 산 풍경이 펼쳐진 서쪽으로는 전면 창을 내고 작은 마당을 두어 전망을 최대한 누릴 수 있다. 또한 방의 개수와 면적을 최소화하고, 개방적인 거실과 주방, 욕실 공간에 면적을 투자해 주로 생활하는 공간 만큼은 여유롭게 쓸 수 있도록 했다.

1

거실에 앉아 있으면 천창을 통해 들어오는 빛이 점차 기울어지며 시간의 흐름을 알린다. 머리 위로 구름이 천천히 흐르고 빗방울이 떨어지는 모습을 가만히 들여다볼 수 있는 집. 자연의 변화에 따라 물드는, 작지만 풍부한 집이다.

단순, 경제적이며 관리가 쉽고 편리한

집을 짓고자 건축가를 찾은 부부가 내건 조건은 명쾌했다. 단순하면서 경제적이고 유지관리가 쉬우며 생활이 편리한 집. 이 모든 걸 집약한, 가장 효율적인 형태가 바로 네모난 단층집이었다. 이제 부부는 풍경을 곁에 둔 넓은 거실과 주방에서 하루를 보내고, 드레스룸을 겸한 침실은 콤팩트하게 꾸려 잠만 잔다. 욕실 앞 공간은 파우더룸, 세탁실을 겸한 멀티 공간이다. 난방, 에어컨, 환기 시스템, 스마트홈까지 모든 컨트롤러는 편의를 위해 거실 벽 한쪽에 모아두었다. 이렇듯, 집을 그리는 과정은 단순히 공간과 형태만을 단순화하는 데서 그치지 않는다. 집을 짓고 난 후, 부부의 생활 또한 간결하게 정리된 것처럼.

2

1 주택 현관이 있는 동쪽 입면. 집 앞에 둔 벤치는 부부가 손수 리폼한 것으로, 별보기를 좋아하는 남편을 위한 장소이자 이웃을 위한 작은 쉼터다.

2 도로와 맞닿은 면에는 프라이버시를 위해 남향임에도 창문을 과감하게 없앴다.

Life......
isn't about
FINDING
YOURSELF
IT'S about
CREATING
YOURSELF

3

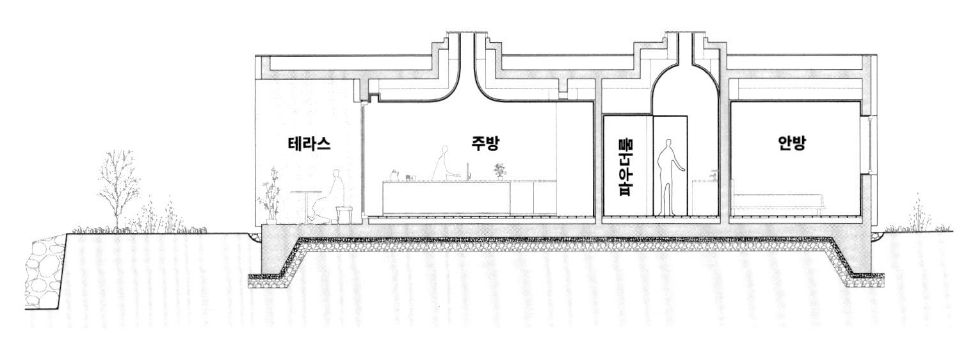

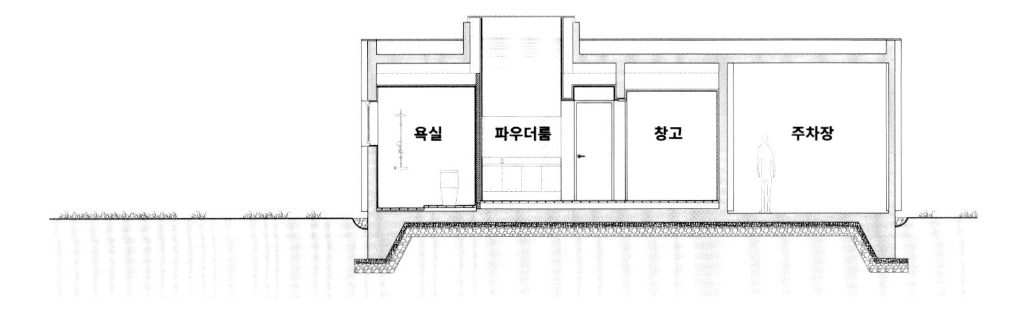

3 문을 열고 집으로 들어서면 조카가 그려준 그림이 산뜻하게 반겨 준다.

4 풍광 좋은 거실은 부부가 주로 시간을 보내는 공간. 길게 낸 천창을 중심으로 곡면을 이루는 목재 마감 천장 디자인이 시선을 사로잡는다.

5

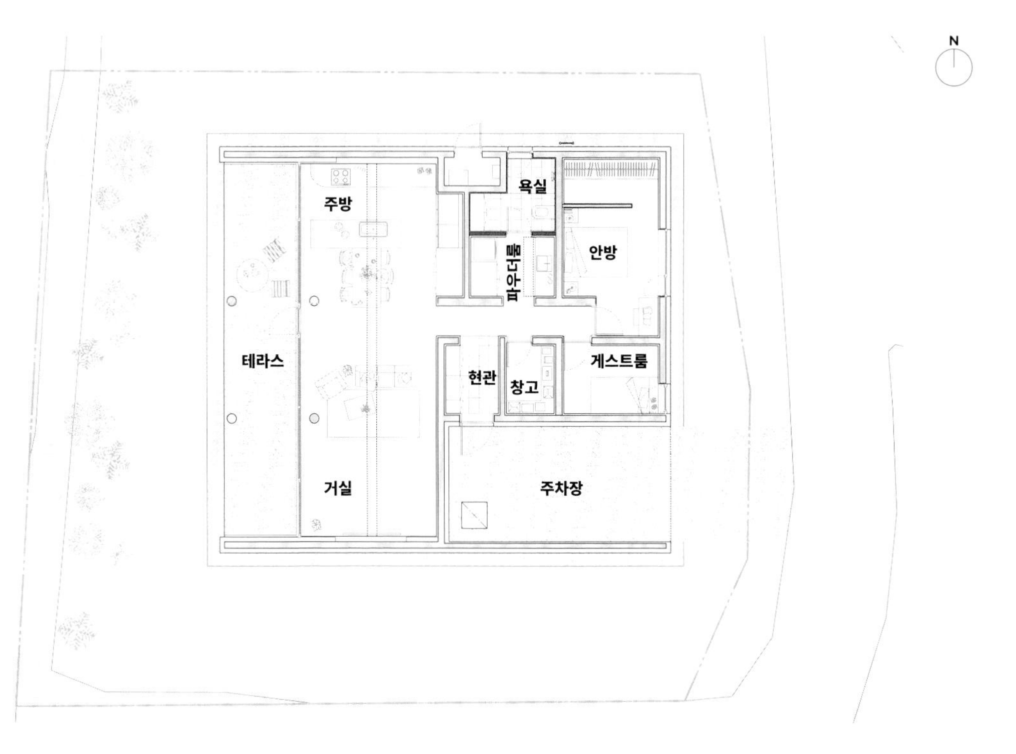

5 서쪽으로 널찍하게 놓인 주방과 거실은 하나로 길게 이어져 시원한 공간감을 느낄 수 있다. 이곳에서 부부는 함께 배운 스포츠댄스를 가볍게 즐기기도 한다고.

6 주방에는 아내가 그동안 모아온 컬러풀한 그릇과 찻잔이 가득하다.

7 꼭 필요한 것만 둔 안방. 한쪽에 가벽을 세워 작은 드레스룸을 마련했다.

8 욕실 문 안팎의 모습. 아내의 특별 요청에 따라 욕실은 면적을 최대한 넓게 확보하고 수납공간을 넉넉하게 두었다. 욕실 앞 공간에는 오픈 세면대를 두고 세탁실과 수납 선반을 구성했다.

이제는 가벼워질 시간

부부가 전에 살던 집은 수직으로 공간을 쌓은 땅콩집 형태였던 터라 계단이 많았다. 이 때문에 단층집에 살리라 마음먹었다지만, 사실 그 마음 아주 깊은 곳에는 아주 단순한 집과 삶의 본질에 대한 갈망이 있었으리라. 인생의 새로운 막을 펼치며, 부부는 삶을 조금씩 덜어내고 가벼워질 필요가 있음을 느낀다. 여전히 친구들을 만나거나 할 때는 복잡하고 화려한 도시의 생활을 즐기지만, 이곳에서 누리는 자연의 고요함과 한적함이 오히려 더 풍요롭게 다가온다. 매일 양평을 오가며 600평 텃밭을 일구는 고된 노동에도 부부는 그저 즐겁다. 경기도보다는 강원도에 더 가깝다는 시골 마을, 두 사람은 하늘을 품고 여유롭게 살아간다. **사진 • 변종석**

9 욕실 앞 공간에도 천창을 내어, 낮에도 조명을 켠 듯 늘 환하다.

10 깊은 차고에도 천창을 내어 채광을 확보하고 작은 휴식 공간을 만들었다. 전기차 충전기도 미리 계획하여 사용하기 편리한 위치에 설치했다.

11 햇볕이 따스하게 들어오는 테라스. 거실, 주방에서 바로 드나들 수 있는 이곳에선 저 멀리 계절 담긴 산 풍경이 펼쳐진다. 부부가 애용하는 브런치 공간으로, 직접 만든 테이블과 의자를 두었다.

ⓒ원유민 9

10

11

초록 바다에서 빛나는
겸씨의 집

HOUSE PLAN

대지위치 : 강원도 강릉시 | **대지면적** : 3,361m²(1016.70평) | **건물규모** : 지상 1층 | **거주인원** : 3명(부부, 아들) | **건축면적** : 125.29m²(37.9평) | **연면적** : 110.98m²(33.57평) | **건폐율** : 3.72%(전체 12.99%) | **용적률** : 3.3%(전체 11.89%) | **구조** : 철근 콘크리트구조 | **최고높이** : 7.0m | **주차** : 1대 | **단열재** : 비드법보온판 제2종 3호 | **외부마감** : 노출콘크리트, 아연도 골강판 | **창호·문** : 알루미늄 시스템창호 - ㈜삼원시스템창호 | **내부마감재** : 벽 - ㈜코리인터네셔널 5T 무늬목 합판, 티엠티티 10T 자기질 타일, 노루페인트 친환경페인트 / 바닥 - ㈜장림우드 베르데 점보 21T 원목마루 | **가구** : 씨오엠 | **기계·전기설계** : 대도엔지니어링 | **구조설계** : ㈜이든구조컨설턴트 | **조경설계** : 안마당더랩 | **시공** : ㈜지음씨엠 | **그래픽** : 김정아 | **설계·감리** : ㈜에이오에이 아키텍츠 건축사사무소(설계담당 : 서재원, 선우욱) www.aoaarchitects.com

초록 물결이 넘실거리는 강릉의 너른 평야 가운데 정원을 둘러싸고 둥글게 모인 집들. 안식을 위해 머무는 나그네들 사이에 부부와 장난꾸러기 아들, 듬직한 견공의 집이 있다.

1 필요할 때는 중정 방향의 가벽을 닫아 외부 손님으로부터 가족의 안온한 일상을 보호할 수 있다.

'겸씨의 집'은 강원도 강릉에 위치한 '호지' 펜션의 주인 부부와 개구쟁이 아들, 그리고 점잖은 개 한 마리가 함께 사는 33평의 단독주택이다. 이 집의 평면은 방들이 두 줄로 나란히 나열된 것이 특징인데, 이는 작은 면적을 효율적으로 쓰고 형태를 단순화하기 위한 의도이다. 그로 인해 한 방향으로 경사진 천장을 가진 방들은 작은 집에 풍부한 공간감을 제공한다.

방 모서리 사이에 끼어들어 간 다이아몬드 모양의 초록 대리석 바닥 공간은 각 방으로 들어가는 문이 한데 모인 작은 전실로, 이곳을 통해 밤에는 별을 보고 낮에는 빛을 들인다. 지붕을 뚫고 솟아오른 모습이 밖에서 보면 거대한 배의 굴뚝처럼 보이기도 한다. 빛 굴뚝의 거실 측 벽면에 난 타원형 개구부는 자연스럽게 조명이 되어 거실의 경사진 높은 천장을 어스름하게 밝힌다. 이와 함께 작은 한식 창과 중정, 그리고 콘크리트 기둥이 만들어내는 거실은 서양적인 듯하면서도 동양적이다.

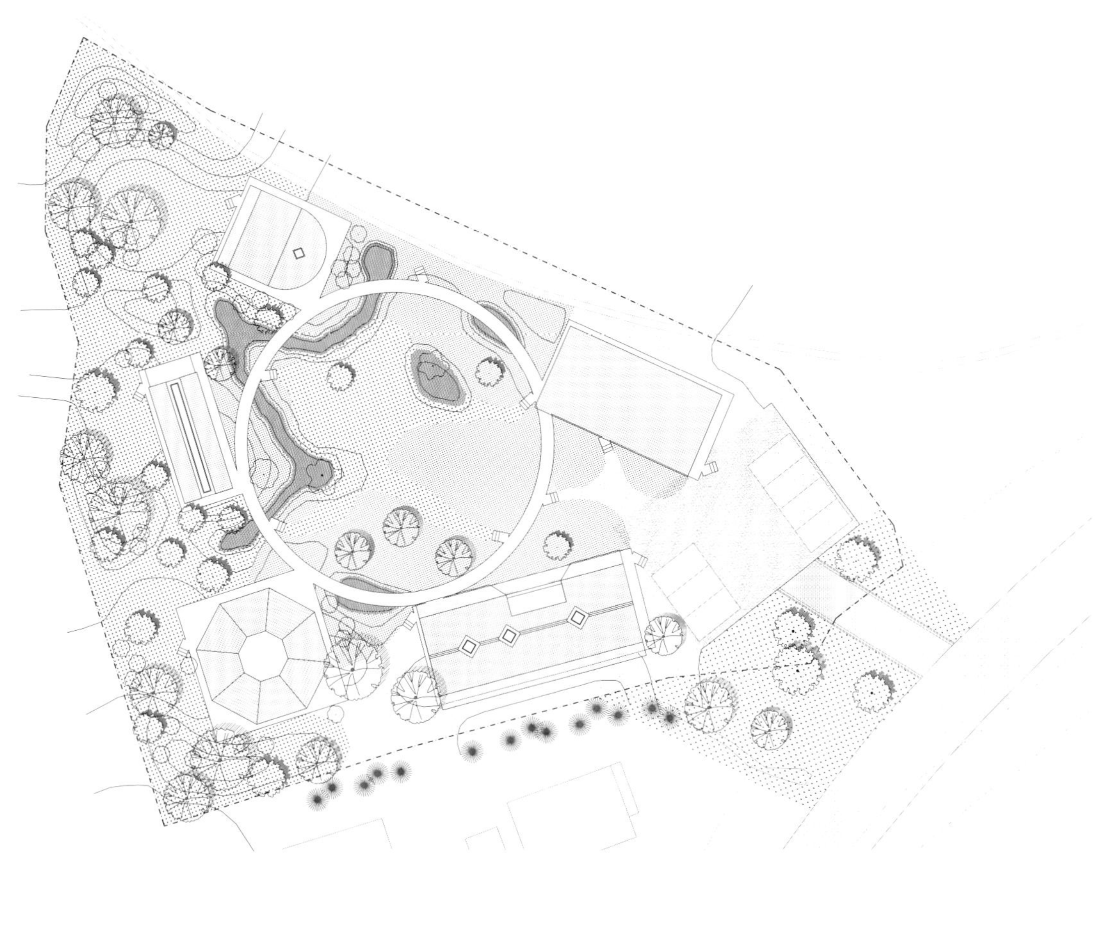

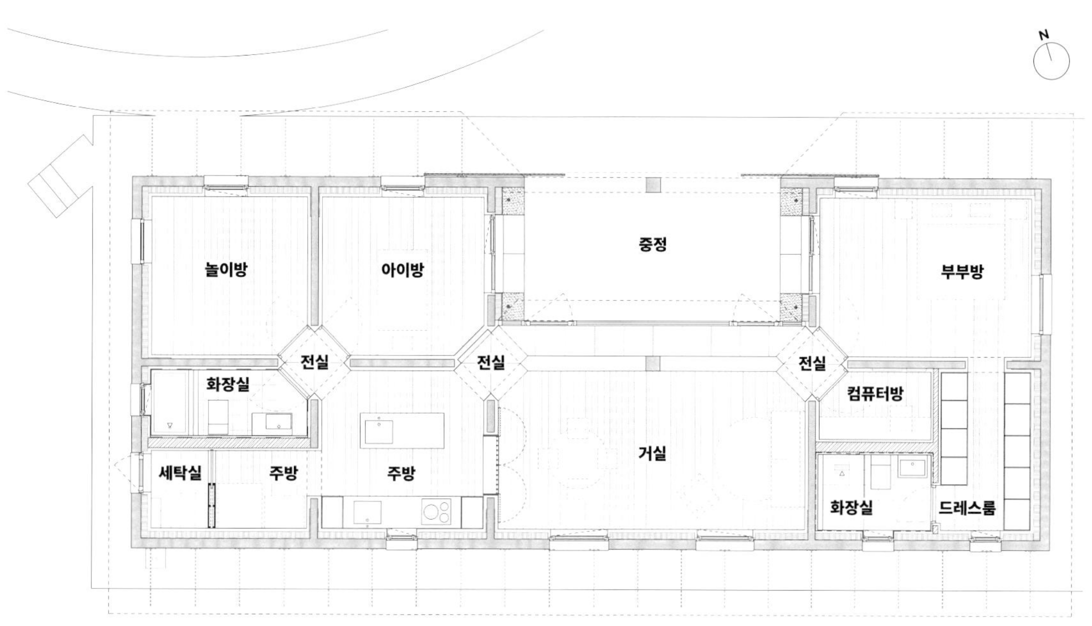
N
놀이방
아이방
중정
부부방
전실
전실
전실
화장실
컴퓨터방
거실
세탁실
주방
주방
화장실
드레스룸

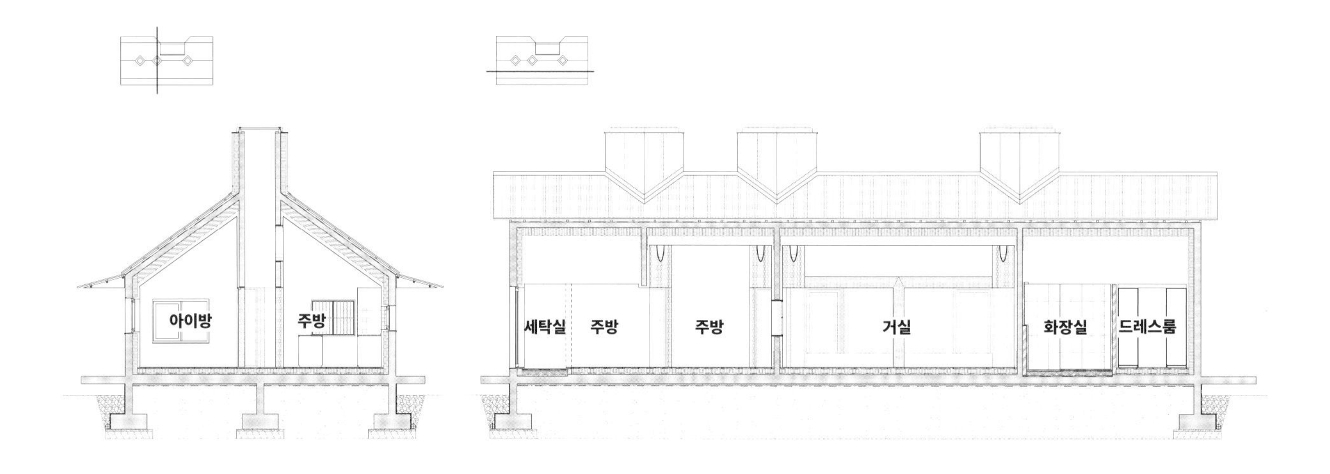

2 주택과 펜션의 각 동은 서로 형태는 다르지만, 대지 위 규칙성 있는 배치와 같은 마감재로 동질성을 부여했다.

3 호지 펜션과 겸씨의 집 등 각 동을 잇는 산책로 겸 통로가 중앙 정원을 둥글게 둘러싸고 있다.

2

3

통상적인 아파트와는 다르게 거실, 다이닝 공간이 부엌과 분리되어 서로가 더 쾌적한 공간으로 남고 주방은 남에게 쉽게 드러나지 않아 깔끔하고 편리하다. 음식 냄새가 집 전체에 배지 않는 것도 좋다. 반면 안방과 드레스룸의 구성 그리고 부엌과 다용도실의 관계는 아파트의 효율적 구성을 따른다.

콘크리트로 마감된 외관은 시골에서 익숙한 대칭의 곡물 창고처럼 주변과 이질감이 없지만, 은갈치처럼 빛나는 골강판 지붕과 각을 달리한 처마가 기계적인 느낌을 더해 집은 세련되면서도 둔탁하고 익숙하면서도 생경하다. 저 멀리 눈 오는 정원을 보며 거실에서 음악을 듣다가 큰 나무 대문을 밀어 닫으면 펜션과 완전히 분리된 작은 중정이 비로소 집안으로 폭 품어진다. **글 · 서재원 / 사진 · 진효숙**

4 콘크리트 기둥과 반듯한 지붕선이 현대적인 주거공간처럼 보이게 하면서, 작은 쪽창과 안마당, 흰 벽과 목재 마감재들의 조화에서 동양적인 주거공간을 연상케 하기도 한다.

5 거실은 중정과 마당으로 열고 천장을 오픈해 넉넉한 볼륨감을 가지면서도 주방과 명확히 분리해줘 쾌적함을 더했다.

6 안방은 세 방향으로 난 창을 통해 안마당을 포함한 바깥 풍경을 조망하는 데 부족함이 없다.

7·8 전실 위로는 빛 굴뚝이 나 있어 낮의 햇빛과 밤의 별빛이 이곳을 통해 들어온다. 전실 위에 자리한 타원형의 개구부는 그 자체로 조형적인 포인트가 되면서 채광을 통한 조명의 역할을 수행하기도 한다.

바다를 떠다니는 배의 굴뚝과 갈치의 매끄러운 은빛 지붕을 가진 집

작지만 알찬 주말주택
게르 하우스 Ger house

HOUSE PLAN

대지위치 : 인천광역시 강화군 | **대지면적** : 774m2(234.13평) | **건물규모** : 지상 2층(초기계획은 1층+다락) | **거주인원** : 2명(부부) + 반려견 1 | **건축면적** : 99.59m2(30.12평) | **연면적** : 99.76m2(30.17평) | **건폐율** : 12.87% | **용적률** : 12.89% | **구조** : 기초 - 철근콘크리트 매트기초 / 지상 - 철근콘크리트 | **주차** : 2대 | **최고높이** : 7.1m | **단열재** : 외단열 비드법보온판 2종3호 135mm, 내단열 압출법보온판 20mm | **외부마감재** : 스터코플렉스, 무절적삼목 루버 | **담장재** : 홍고벽돌 치장쌓기 | **창호재** : KCC PVC 이중창호(에너지등급 1등급) | **에너지원** : LPG | **조경석** : 화강석 블록 | **전기·기계·설비** : 청효하이텍 | **구조설계(내진)** : 라임ENG | **조경·토목·시공** : 건축주 직영 | **설계** : 아뜰리에준 건축사사무소 유준상 www.a-jun.net

INTERIOR SOURCE

내부마감재 : 벽 - 벽지 / 바닥 - 강마루 | **욕실 타일** : 상아타일 수입 타일 Vals | **수전 등 욕실기기** : 아메리칸스탠다드 | **주방 가구 및 붙박이장** : 한샘 | **조명** : 비츠조명, 모딘라이드 은하수(거실 & 식딕 조명) | **계단재·난간** : 오크 집성목 | **현관문** : 코렐 현관문 | **중문** : 한샘 3연동 도어 | **방문** : 예림도어 MDF + 필름지 부착 | **데크재** : 이페 목재 19mm

평일에도 자꾸만 오고 싶은,
가족만의 작은 주말주택. 담장 너머 보이는 굴뚝은
동네 풍경 속에 녹아들어 정겨움을 더한다.

1

강화도 작은 마을에 놓인 이 집은 인천에서 사업을 하는 건축주를 위한 주말주택이다. 사실 건축주는 주택을 지어야겠다는 생각을 별로 해본 적이 없었다고 했다. 건너편에 지인이 건축해야 하는 상황이었는데, 강화도에서도 외진 곳에 있는 데다 작은 규모의 주택을 단독으로 진행하기에 어려움이 있어 함께 설계와 시공을 하게 된 것이다.

집터는 밭으로 되어 있던 필지들을 정리해 주택지로 변경한 곳으로, 완만한 경사지의 가장 높은 곳에 자리하고 있다. 건축주는 100m^2 이하의 ***국민주택** 수준으로 작게 짓기를 원했기 때문에 계단실 면적도 아까워 처음엔 단층으로 설계했었다. 하지만, 1층 높이에서는 멀리까지 시원하게 뷰가 열리지 못했고 그 원경을 포기할 수 없어, 결국 2층으로 계획을 변경하였다.

처음엔 오랫동안 아파트 생활을 해 잔디만 밟고 살아도 만족할 것이라고 이야기했던 건축주는 협의가 진행될수록 요구사항이 늘어났다. 그럼에도 불구하고 건축주가 지켜주길 원했던 면적과 예산으로 인해 평면을 최대한 단순화 시킬 수밖에 없었다.

1 원래 그곳에 있었던 것처럼 동네 풍경 속에 녹아든 주택. 넓은 정원을 정면에 배치해 자연을 늘 가까이에서 마주할 수 있다.

2 남동쪽 원경. 집을 둘러싼 낮은 담장과 건축주가 직접 심고 가꾼 수목이 가족의 주말주택을 더욱 아늑한 공간으로 완성시킨다. 좌측에 보이는 새하얀 건물은 유준상 소장이 함께 설계한 건축주 지인의 주택이다.

* 주거전용면적이 1호 또는 1세대당 85m^2 이하인 주택(수도권을 제외한 도시지역이 아닌 읍 또는 면 지역은 1호 또는 1세대당 100m^2 이하인 주택, 주택법 제2조)

2

외부에서 들어가는 황토 찜질방을 제외하고 모든 방과 거실은 남쪽에 배치했다. 또한, 대면형 거실과 주방을 중심으로 좌우에 각 실을 붙여 불필요한 동선을 최소화시켰다.

1층은 제한된 선에서 최대로 키우고, 위에는 연면적에 포함되지 않는 다락을 두어 부족한 면적과 2층 테라스로의 접근을 해결하고자 했다. 하지만, 다락과 1층 거실이 개방형으로 뚫려있는 것도, 다락을 통해 테라스로 나가는 것도 불가능하다는 허가권자의 규제로 다락이 2층으로 되면서 100m^{2}에 맞추기 위해 전체적으로 건물의 규모를 더 줄여야 했다. 이로 인한 답답함을 해소하기 위해선 지붕의 형태가 아주 중요했다.

박공지붕처럼 특정 방향으로 치우친 지붕이 아닌 공간의 중심이 되는 거실이 강조되도록 4면의 벽을 기울여 중앙에 모으고, 그곳에 천창을 설치하여 자연채광을 통해 중심공간이 더욱 빛나도록 하였다. 거기에 벽과 지붕을 구분 짓지 않고자 동일한 재료로 외부를 마감하였다.

3 북서쪽에서 바라본 모습으로, 서쪽의 아궁이와 북쪽의 굴뚝이 돋보인다.

4 건물의 배치를 잘 보여주는 드론 이미지. 풍부한 자연채광을 들이는 지붕 위 천창이 눈길을 끈다.

5 해가 진 후 주택의 정면 모습. 건물 앞 배롱나무와 서로 다른 성격의 마감재가 단순한 건물에 다채로움을 더한다.

거실에 앉아 있으면 정성껏 가꾼 남쪽 정원이 한눈에 바라보이고, 높은 층고의 개방감과 함께 천창을 통해 들어오는 빛으로 공간과 시간을 느낄 수 있다. 내부는 대부분 흰색으로 처리했는데, 이는 빛의 음영을 더 도드라지게 하기 위함이었다.
적삼목으로 디자인을 살린 남쪽 면은 전통적인 한옥의 툇마루를 차용했다. 건물 형태상 처마가 없는 지붕은 큰 창의 누수 위험이 높아 남쪽의 큰 창들은 툇마루 안쪽에 설치했고, 처마가 생겨 부수적으로 햇빛 유입도 조절할 수 있었다. 황토방은 아궁이에 불을 지펴 방을 덥히는 고전적인 방식으로 계획되어 혹시 모를 화재 위험을 고려해 외부에 적삼목을 쓴 남쪽과 달리 목재 무늬의 타일을 붙였다. 굴뚝은 단순한 건물의 형태를 따라 군더더기 없이 처리하여 밋밋한 건물의 후면에 그림자를 떨어뜨리며 포인트 역할을 한다.
처음 집을 짓겠다고 했을 때 크게 관심을 두지 않고, 일 년에 몇 번이나 와보겠냐고 이야기 했던 건축주는 집이 완공되고는 평수가 훨씬 큰 아파트가 오히려 답답해 거의 이곳에서 살고 있다는 소식을 전했다. 조경에 많은 공을 들이고, 손수 가꾸며 즐기는 전원생활은 바쁜 일상에 지친 건축주에게 마음속 작은 여유와 위로를 선물한다. **글 • 유준상 / 사진 • 남궁선**

5

정원을 마주하는 거실 전면창과 높은 천장고로 답답함을 없애고 개방감을 살렸다.

주말주택임을 고려해 심플하게 디자인한 주방

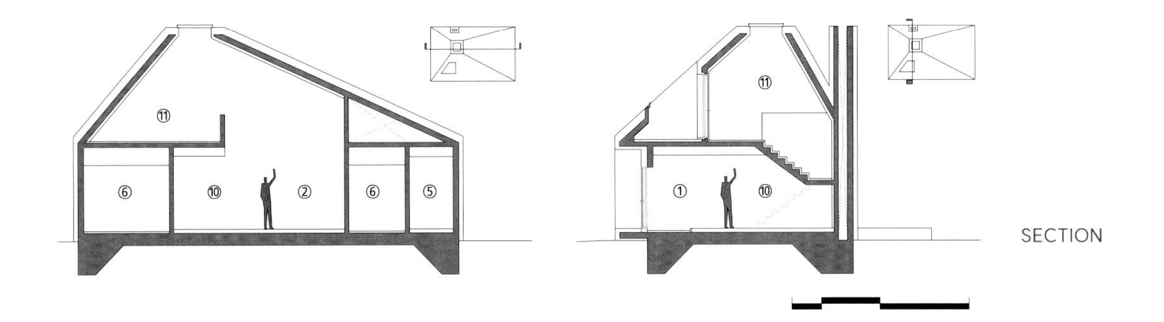

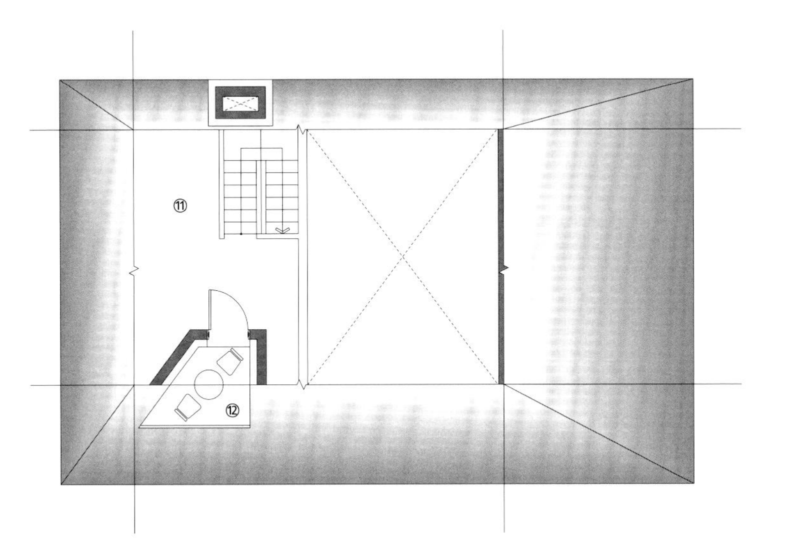

2F - 14.40M²

PLAN

① 현관 ② 거실 ③ 주방/식당 ④ 안방
⑤ 드레스룸 ⑥ 화장실 ⑦ 다용도실
⑧ 방 ⑨ 황토방 ⑩ 복도 ⑪ 취미실
⑫ 옥외 테라스

1F - 85.36M²

6·7 천창과 모임지붕의 특성이 잘 드러나는 2층 공간. 계단을 오르면 정면에 옥외 테라스가 보인다.

8 천창으로 들어오는 밝은 빛은 언제나 집 안을 환하게 만들어 준다.

6
7
8

인덱스

·176~185쪽 논밭 풍경 속 담백한 | 화담별서
©월간 <전원속의 내집> 2023년 8월호 Vol. 294 / 기획 오수현, 사진 홍석규

·186~195쪽 매스 사이 정원을 배치한 홑집 | 제주 화분
©월간 <전원속의 내집> 2023년 8월호 Vol. 294 / 기획 손준우, 사진 박영채

·196~205쪽 모두를 둥글게 감싸 안으며 | 김천 동그란집
©월간 <전원속의 내집> 2022년 2월호 Vol. 276 / 기획 신기영, 사진 윤준환

·206~217쪽 창으로 연결된 하나의 시퀀스 | 남원 둥글집
©월간 <전원속의 내집> 2023년 4월호 Vol. 290 / 기획 조재희, 사진 최진보

·218~227쪽 긴 대지에 일자로 지은 집 | 포천 소담재
©월간 <전원속의 내집> 네이버 포스트 2023년 1월 30일자 온라인 게재

·228~237쪽 곤지암 주택, 품 | 땅과 사람을 품은 집
©월간 <전원속의 내집> 2018년 9월호 Vol. 235 / 기획 김연정, 사진 변종석, 홍석규(호앤지포토)

·238~247쪽 어느 노부부의 세 번째 집 | 용인 사암리 주택
©월간 <전원속의 내집> 2021년 5월호 Vol. 267 / 기획 조고은, 사진 변종석

·248~259쪽 기억과 인생을 다시 짓다 | 고성 으뜸바우집
©월간 <전원속의 내집> 2021년 7월호 Vol. 269 / 기획 조고은, 사진 김용순

·260~269쪽 자연스러운 변화가 기대되는 | 양평 시:집
©월간 <전원속의 내집> 2022년 1월호 Vol. 275 / 기획 조재희, 사진 김성철

·270~279쪽 가족을 지키는 집 | 용인 수오재
©월간 <전원속의 내집> 2020년 8월호 Vol. 258 / 기획 신기영, 사진 변종석

·280~289쪽 땅과 집의 관계에서 균형을 찾다 | 빌라 파티오
©월간 <전원속의 내집> 2023년 4월호 Vol. 290 / 기획 손준우, 사진 최진보

·290~299쪽 다시 모인 가족, 다시 만난 두 현 | 영주 이현
©월간 <전원속의 내집> 2021년 9월호 Vol. 271 / 기획 신기영, 사진 변종석, ARCHFRAME

·300~307쪽 평화롭고 담담하게 | 장성 평담재
©월간 <전원속의 내집> 2020년 12월호 Vol. 262 / 기획 조성일, 사진 변종석

·308~317쪽 제주쉴로 스테이 | 세 개의 섬, 하나의 지붕
©월간 <전원속의 내집> 2019년 8월호 Vol. 246 / 기획 이세정, 사진 송유섭

·318~327쪽 아내의 꿈과 함께 키운 | 정원 있는 공방 주택
©월간 <전원속의 내집> 2023년 7월호 Vol. 293 / 기획 신기영, 사진 김용수

·328~337쪽 기능과 효율이 좋은 집 | 삼천포 1.4l 패시브하우스
©월간 <전원속의 내집> 2019년 7월호 Vol. 245 / 기획 조성일, 사진 변종석

·338~347쪽 유려한 곡선에 여유를 담은 집 | 인제 선유재
©월간 <전원속의 내집> 2022년 7월호 Vol. 281 / 기획 신기영, 사진 최진보

·348~357쪽 오래도록 기억될 경험의 시간 | 진천 여름방학
©월간 <전원속의 내집> 2023년 3월호 Vol. 289 / 기획 손준우, 사진 변종석

·358~367쪽 하늘이 비치는 집 | 네모난 단층주택
©월간 <전원속의 내집> 2021년 5월호 Vol. 267 / 기획 조고은, 사진 변종석

·368~377쪽 초록 바다에서 빛나는 | 겸씨의 집
©월간 <전원속의 내집> 2023년 2월호 Vol. 288 / 기획 신기영, 사진 진효숙

·378~389쪽 작지만 알찬 주말주택 | 게르 하우스
©월간 <전원속의 내집> 2020년 10월호 Vol. 260 / 기획 김연정, 사진 남궁선

단층주택 1+α

응축된 건축을 위한 확장된 디자인

초판 1쇄 인쇄 2024년 4월 27일
초판 1쇄 발행 2024년 5월 16일

전원속의 내집 엮음

발행인 이 심
편집인 임병기
편집 신기영, 오수현, 조재희, 손준우
디자인 이준희, 유정화
마케팅 서병찬, 김진평
총판 장성진
관리 이미경, 이미희

발행처 ㈜주택문화사
출판등록번호 제13-177호
주소 서울시 강서구 강서로 466 우리벤처타운 6층
전화 02 2664 7114
팩스 02 2662 0847
홈페이지 www.uujj.co.kr
출력 ㈜삼보프로세스
인쇄 북스
용지 영은페이퍼㈜
정가 46,000원
ISBN 978-89-6603-071-2

ISBN 978-89-6603-071-2